# 女性的品格

## 女性の品格

[日]坂东真理子 著　王筱卉 译

中信出版集团 | 北京

图书在版编目（CIP）数据

女性的品格 / (日) 坂东真理子著 ; 王筱卉译. --
3版. -- 北京 : 中信出版社, 2022.3
ISBN 978-7-5217-3934-3

Ⅰ. ①女… Ⅱ. ①坂… ②王… Ⅲ. ①女性－修养－
通俗读物 Ⅳ. ①B825.5-49

中国版本图书馆CIP数据核字（2022）第012390号



女性的品格

著　　者：［日］坂东真理子
译　　者：王筱卉
出版发行：中信出版集团股份有限公司
（北京市朝阳区惠新东街甲 4 号富盛大厦 2 座　邮编　100029）
承 印 者：中煤（北京）印务有限公司

开　　本：880mm × 1230mm　1/32　　印　　张：7.25　　字　　数：132 千字
版　　次：2022 年 3 月第 3 版　　印　　次：2022 年 3 月第 1 次印刷

京权图字：01-2008-3569
书　　号：ISBN 978-7-5217-3934-3
定　　价：45.00 元


服务热线：400-600-8099
投稿邮箱：author@citicpub.com

# 写在《女性的品格》再版之际

值此《女性的品格》在中国再次被出版之际，首先，请允许我表达由衷的感谢。这本书自2006年出版以来，已经过去16年了，现在还会再版，并且在日本已经拥有超过320万的读者。据说，很多女性至今还将此书作为自己的枕边书反复阅读。作为作者，真是感到无上荣幸和欣慰。

那么，为什么在日本会有这么多的读者呢？其实，至今也有很多人问我这个原因到底是什么。首先，当然是因为得到了各界众多朋友的支持，除此以外，我认为更重要的原因还是日本社会需要一个新的女性指南。

这半个多世纪以来，日本社会发生了很大的变化。新型产业的兴起，人口急剧地涌向城市，出生率下降，老龄化社会进程加速等社会现状，给人们的生活环境和价值观也带来了变化。在这样的社会里，我们该怎样生活呢？单纯地追求物质丰富性和便利性的话，真的就可以吗？人们在这些不知所措中彷徨迷茫，每个人到底应该如何做才是正确的？这样一份生活指南，也就变得越来越必要了。

尤其是女性的人生轨迹变化很大。现在，女性可以接受良好的教育，结婚和生育也可以自己做主，平等地进入社会发展。与此同时，出生率在下降，在艰难贫困时代曾经有过的各种规矩章法和家庭伦理，都多少变得不合时宜，也不通用了。经济上变得富足后，女性也都穿得时尚漂亮和讲究起来，自由地去旅行或者享受自己的兴趣爱好，这一切都可以实现了。但是，这就是我们要追求的目标吗？将来也真的可以一直这样吗？各种不安的心情随之出现，甚至越来越多。为此，这本从朴实无华的日常生活礼节开始渐渐讲述到人生观的书，也就很容易被大家接受，愿意反复阅读了。有很多婆婆把这本书作为礼物送给自己的儿媳。

中国实现了高速的经济发展后，人们的生活也发生了翻天覆地的变化。在这个巨变的新时代，不仅家族人员关系发生了变化，随着工作方式的变化，女性和社会的关联性等也都有了很多变化。在中国，女性的人生轨迹也发生了天翻地覆的巨变，从男尊女卑演变成了妇女能顶半边天的社会现状。很多女性活跃在社会的同时，生育孩子并负责孩子教育，照顾老龄父母，非常繁忙地兼顾家庭和工作。为此，也更加迫切地感受到要追求作为女性的内外身心之美。除了追求女性的外在美，举手投足的优雅态度，美好的措辞，温柔贤良外，还希望自己能给周围人带来幸福，让社会变得丰富多彩。另外，女性不要去模仿一些男性粗犷不羁、缺乏体谅之心的竞争，而要能够对深陷困境之人给予理解和宽容，成为具有高尚品格和有责任感的人。

因此，女性要学会变得有智慧。当大量信息充斥在周围的时候，要选取正确的信息，有效地利用它们的价值，不追求短期的眼前利益，做出对自己、对社会都有利的长期选择，要有正确的判断。而且，坚强非常重要。即使遇到各种各样的困难和障碍，也不轻言放弃，对自己做出的人生选择要负起责任，坚持到底。想要去帮助弱者和有困难的人，力量和坚强是非常有必要的。

目前的中国，因为经济快速增长而给社会带来了丰富的资源，人们丰衣足食，生活便利，却略显慌乱和浮躁，这不也正是需要“仓廪实而知礼节”的时候吗？女性如果能够秉持坚强、有智慧、优雅和高尚的品格来追求自己的生活，整个社会的品格也一定会因此而得以提升。

衷心希望这本书在中国也会有很多人读到，也衷心期待中国女性自身也好，周围的人也好，都会拥有良好的品格、善良的心和幸福的生活。

此次负责翻译本书的王筱卉女士，一直以来对日本文化很有研究，且造诣颇深，她本人知书达理，是一位非常有教养的知识女性。我再次致以最诚挚的谢意，感谢能由这样一位优秀的中国女性来翻译我这本书，并由中信出版社再次出版。

坂东真理子

2022 年“三八”国际妇女节来临之际

# 致知性、优雅、自立的女性

最近在日本《国家的品格》*很受读者关注。然而，成为有品格国家的前提条件，应该是有品格的人存在才行。正因为具有良好品格的人存在，才可能构成有品格的家庭，成就有品格的企业，造就有品格的社会。逻辑上不能颠倒了，个人的品格是这个问题的前提条件。

那么，个人的品格到底是什么呢？

正义感、责任感、伦理观、道德观、勇气、诚实、友爱、忍耐力、持续力、节制心、足够的判断力和决断力，以及善意的体贴关怀能力等。像这些我们所公认的美德，都是有品格的人应该具备的重要素质。

---

* 该书为藤原正彦著，新潮社 2006 年出版。

另外，不只追求自己的利益，还体恤和帮助羸弱人群，不趋炎附势讨好权贵，受他人相助定当感恩回报等，这些素质，任何道德理论都会提及。反之，不择手段只求“胜者为王”“赚当属赢”的生存之道，一定会被世人鄙视和唾弃。而类似盗取或者毁坏他人财物，伤害或者杀戮他人，因为嫉妒而恶言中伤他人等卑鄙言行，在任何社会都是绝对禁止的。

当然，如果受到这样的教唆，人也会因为行恶不行善而变得卑微渺小。所以，我们要通过教育和学习，正确的指导、教化以及信仰，来反复强调善行和美德。很多人会思考其中蕴含的含义，代代相传直至今日。

不过，作为人的品格基础理论，无论古今中外或者男女老少，如果都是同样或相通的话，我又为何要特意来写女性的品格呢？女性的品格和男性的品格有什么不同吗？毋庸置疑，在身高、体重、力量、运动能力等方面，男女确实是有差异的。那么在精神层面又会有怎样的差异呢？如果我们说应该保持男子汉气概、女性气质，那么具有男子汉气概的男性就应该有足够的勇气、判断力、决断力和责任感；具有女性气质的女性则是亲切温柔、体贴理解、有忍耐力，以及有节制心。我们还是要在这些特点上分开来区别认知的。

实际上真正有品格的男士，除了具有勇气、判断力、决断力和强大的责任心以外，还应该体贴和拥有忍耐力。孔子这样的圣贤之人当然具有这些特征。日本历史上受人爱戴的历史人物，比如源义经、坂本龙马等，传说他们不但有勇气和决断力，而且非常善于理解和体恤他人，很多有关他们的故事流传至今。

我遇到很多具有现代品格的男士，他们大多拥有决断力、勇气和责任感的男性美德，还有像女性一样的和善亲切、理解体贴的一面。当然，我也碰到过无数位不但具有足够的勇气和决断力，满怀责任感，还非常亲切和善，并体贴和具有理解力的女性。我确实感到，真正有品格的男性和女性，他们之间共通的特点非常多。尽管如此，我还是贸然想把《女性的品格》作为本书的题目来写的理由有以下三个。

第一，现代社会里，女性的生活方式、存在的价值，与过去有了天壤之别。但很多传统道德观已经不再通用，新的标准又没有被广泛确立，有些乱象丛生。然而，即使我们不再愿意去完全遵循旧的清规戒律所要求的那些女性行为标准，但野蛮粗暴的行为，低级粗俗的语言，欺负柔弱等言行也是绝对不可以的。我们应该遵循和维护好的道德标准。

第二，大体上，男性一直以来紧紧隶属于组织和社会框架，大多难以从金钱和权力的魔力中逃生。有鉴于此，我认为女性不应该重蹈覆辙，变得极度追求权力和拜金。我相信，女性踏入社会充分发挥作用是必要的，但是，应该持有正确的价值观，珍惜人与人的关系等，并将这种有女性特色的行为带入社会，如职场中。我认为女性进入社会，为了成为“能干的女人”而舍弃其他，即使变成有能力的、干劲十足的人，多少也会让人感觉有些缺憾。

第三，地球环境问题，以及全世界的人们所面对的社会问题，在社会进入老龄化，面临科学以及技术进步而带来的新的诸多要解决的问题时，我们的社会到底应该是怎样的，我们应该怎样生存下去等，都再一次让我们去思考。如果大家都只考虑自己家庭的幸福，那就不可能成就一个好的时代。我们需要的是具有国际化水平的、有品格的女性。

这本书本来是打算写女性的品格，然而在最后落笔时，却又不得不再去思考一个人的品格到底是什么，有品格的人生态度又是什么样的。在具体阐述日常生活中的行为举止的内容里，也有关于人生态度的思考。我一边思考品格到底是什么，一边努力将这两者结合在一起。

无比期望您能体会到本书里饱含的我发自心底的真挚愿望。

坂东真理子

2006 年于东京

# 目 录

CHAPTER 1

礼仪与品格



CHAPTER 2

有品格的语言和说话方式

CHAPTER 5

## 有品格的人际关系



CHAPTER 6

## 有品格的行动

CHAPTER 7

有品格的人生态度



**后记**

CHAPTER 1

# 礼仪与品格

*当你想到可以触动对方心弦的话语时，*
*一定不要错失良机。*

——

## 勤写感谢信

所谓有品格的社交，可以说从写感谢信开始。

其实，日本人不太常写感谢信，而且我自己也觉得有些羞愧的是，很长一段时间里我也没有写感谢信的习惯。不仅我是这样，在我曾经工作过的公务员的环境里，因为工作被邀请去参加聚餐的人，大多也是不会写感谢信的。由于忙碌而没有时间去写，基本上是可以作为一个堂而皇之的理由。而且，正是因为工作而去参加的聚餐，那当然也是分内的工作了。久而久之，即使是私人原因被邀请去参加聚餐，也习惯了不写感谢信了。时至今日，我才突然意识到，这是一件多么令人羞愧，会被人轻视的一种不懂人情世故的行为啊！

我在澳大利亚出任总领事的时候，被邀请到领馆来聚餐的人，可以说几乎每个人都会给我寄来感谢信，这使得我对自己过去的行为做了反思。这些被邀请来参加宴会的客人给我寄来这样的感谢信：“感谢您提供的非常美味的料理，我们和优秀的主人一起度过了难忘的愉快时光。”“我为有机会结实很多尊贵的宾客并加入大家愉快的谈话，甚感荣幸。”从邀请人的立场来说，能收到这样的感谢真是非常欣慰。能让大家感到愉快，是令人无比快乐的事情。虽然我并不应该期待大家的感谢，然而收到这样的回馈，我还是非常高兴的。

有了这样的体会以后，我也开始有意识地写感谢信。现在电话也有，电子邮件也很普及，如果特意去买信封，写上收件人，再贴上邮票寄出去，听起来好像是一个非常麻烦的事情，然而这个过程却能呈现出这个人的品格。如果你并不擅长写文章，那么使用美国人常用的感谢卡片，其实也是个非常好的解决方法。在非常精致漂亮的卡片上只需要写上一句话，再署名就完成了。如果再贴上纪念邮票，那就更完美啦。没有时间，字太难看，想不起来特别中意的句子等，诸如此类不写感谢信的理由可谓数不胜数吧，但我们一定不要妥协，放纵了自己。

当写感谢信成了你的习惯时，你还会因为不写觉得非常不安呢。那么，平时就将卡片、信封或者邮票备好，有必要的时候马上就能拿出来用了。而拥有印着自己名字和住址的信封或者信纸，也是一件与众不同、有格局和有腔调的事情。

其实生活中，需要写感谢信的机会有很多，比如我们拿到了礼物，听到了感慨良多的话题，得到了赠书等。当你想到可以触动对方心弦的话语时，一定不要错失良机。总之要“立刻执笔书写”，非常郑重地表达出你的感谢，这不仅会提升你的品格，也会成为让你的人生变得丰富多彩的魔法杖。当你在各种聚会中出现，给大家分发自己名片的时候，是为了扩大社交网络，而你饱含真情的感谢信，会让你给对方留下非常深刻的好印象。

*如果承诺了做不到的事情，*
*就会给信用和品格减分。*

## 恪守承诺

真正有品格的人具有让人信赖的品质，无论什么都比不上这一点。正是由于被信任，才要更加注重履行值得信任的承诺。也正因为被信任，比起漂亮的豪言壮语，有品格的人才更注重踏踏实实从小事做起，一点一点地积累信任。而构建信赖关系并不需要投长球和远球，只需要把投过来的球一个一个稳妥地接住。在这里我举些具体的例子来说明，比如要做到严守约定时间；约定的工作就在约定好的时间内完成；答应出席的活动就一定出席参加；承诺打的电话就一定要打；答应好的给别人介绍谁，就一定要做到；要邮寄给别人的资料就一定要寄出；说好了给的就一定要给；讲好给别人看的就必须要给别人看。一个一个看起来都是没什么大不了的小问题，有时候不经意就很容易忘记了。然而积石成山，积少成多，也正是这些小事情在培养你的信用。这与将一元钱、两元钱存进账户里是一样的道理。与小钱越存越多最后就成为一笔财富一样，平时恪守信用，有一天你会突然发现，你拥有了良好的信用，你的品格也会提升。

以前我遇到自己的前辈这样对我说时，“什么时候一起去吃饭哦”，“想约个时间我们好好聊一聊呢”，我会很期待，然而却始终没有兑现过，于是我就非常失望。渐渐地我也就明白了这个人就是嘴上和别人做各种约定而已，随之我也就无所谓了。我明白了这个人就是为了取悦别人，实际上一点也不靠谱，而且在这个人的心里根本就没有把我当回事，于是我也就在心里对他画了一个大叉。不过到了今天，我也才终于能在心里说服自己，去理解他其实可能本意是好的，那个时候、那个场景他说的也是真心话，并且是在用他认为非常友好的方式表达他的心情。

另外，平时有意识地恪守自己的承诺还有一个好处，那就是学会不去承诺自己做不到的事情。当自己拥有秘书或者非常有能力的部下的时候，当很多委托自己的事情能够很迅速地处理好的时候，即使有能力接受各种委托过来的工作，然而当状况并不允许的时候（非常遗憾这种情况有时还是会发生），那么就要在考虑自己的精力和能力后，对各种承诺控制一下才行。

为了能帮助到对方也让对方感到愉悦，我们就容易随口轻易地征询对方是否需要帮助，本来是一件好事，但如果和别人承诺了自己做不到的事情的话，就会给自己的信用和品格减分。如果自己做不到，不要去聆听别人是否有为难之处，即使有可能会被别人认为你没有亲和力或者同理心，在缘由被理解后也一定会被别人认为“那个人是值得信任的”，从而受到别人的尊重。

因此，我们一旦和别人承诺了，就一定要信守诺言。自己说过的或者约定好的事情，自己以为记住了但却忘记的情况是经常会发生的。即使你并非恶意地没有信守承诺，这和轻视对方而毁约换来的结果也是一样的，结果就是破坏了自己的信用。我本来一直对自己的记忆力很有信心，但最近频发类似“哎！我答应过这个吗？”这样的事情。也就是说我们不要完全相信自己的记忆力，一定要养成将事项记录在便携日历上的习惯。便携日历就是为了这个才应运而生的，记录下“他替我垫付了喝茶的费用”“AA制付费我自己那一份还没有支付”“借的书还没有归还”，等等。

让我们首先学会在小事情上遵守承诺吧。

*首先做到符合常规的要求，*

*其次再去努力追求表达水平。*

——

## 符合社交常规的致辞

作为一名社会工作者，在正式的社交场所，需要发言讲话的特定场合，需要具有一定的语言表达功力，这也是一份必不可少的能力。然而对此不擅长的年轻人也特别多。平时和熟悉的同伴聊几个小时都没有问题，但换个陌生的环境便不由自主地会变得紧张，不知道自己该讲什么才好，于是便采取逃避的态度。当我们踏上社会，进入一个正式的组织或企业的时候，一开始便会接受新员工培训，在这个培训里，我们会学习如何在这样的场合正确地讲话、行礼，以及如何问询。由于经费削减等原因，现在不举行这样培训的企业渐渐多了起来。在销售和服务等岗位与外部接触的人比较多，就会在日常工作中锻炼这一能力。然而在技术类岗位、企划或者研究类岗位的人，和外部接触机会少，相对来讲，就会觉得不擅长而克服不了这个难关。

在以前被称为“冠婚葬祭”的仪式，在当今社会就是祝贺会、结婚宴会、葬礼或者守夜仪式、追忆会等。在这些场合的言谈举止是需要非常注意的，不能战战兢兢，东张西望，更不能东游西逛。要顾及周围环境，注意自己的言行，要做到有礼有节地行为处事，这样才会被认为很有风度，或者说很有品格。

当你作为不需要发言的嘉宾出席某个场合时，在接待台交付了邀请函以后，给主办方只需要郑重地说一句：“感谢今天对我的邀请。预祝活动成功（或者是一定要节哀保重）。”不需要在那里没完没了地讲很多话。主办方那个时候要照顾很多邀请来的嘉宾，还要关注活动的流程进展以及会场的准备状况是否周全等诸多事务，一定会非常忙碌。

在这种时候，那个场合如果你没有熟人，而且不是喜庆的聚会，那么你就安安静静地待着就好。如果是喜庆的场合，和旁边的人自我介绍一下，聊一聊无伤大雅的话题，比如天气、交通，类似这些话题都可以，不用特别用心地去说些什么。不用去在意是不是需要被谁介绍才说话，或者对方如果不主动来和我讲话，那么我也不要去和对方讲话之类的事情，不要让别人觉得还要特别花心思照顾你就可以。

如果被主办方邀请发言，诚恳地接受就好。太客气会破坏会场气氛。像政治家那样善于演讲的人，可以脱口成章，讲得非常好，但那毕竟是少数。如果想要一鸣惊人，做一个非常精彩的演讲的话，自己又会变得非常有压力了。只要充满诚意地按照常规的方式表达一些祝福，或者真诚地表达出自己的哀思就可以了。

这里所谓常规，其实就是声音清晰地先说出自己的名字，讲出祝福的话语，祝贺主办方，再表达对大会主办主旨的赞同之意。或者提前和主办方确认一下希望自己讲些什么内容，这也是不失礼貌也很妥当的举措。如果自己是作为朋友代表，或者同事代表，再或者是年轻人的代表来发言的话呢，在讲话中也顺便插入相关的一段话，那就非常精彩了。最后不要忘记再次用表示祝贺来结束自己的讲话。如果实在没有自信，那么提前在纸上写下来，到时候朗读一遍也是可以的（尽量用自己的语言来表达才是最为妥当的）。

当然，讲得非常出彩，能够充分表达和展现自己的才华是非常棒的，但那也是相当不容易的事情。无论怎样，能按照常规要求做好讲话发言，也是作为一名品格高的女性的必要条件。首先做到符合常规的要求，其次再去努力追求表达水平。

*自己平时不会买但非常喜欢的东西，*

*可能是一份令人开心的礼物。*

——

## 赠送令人心仪的礼物

给人送礼真不是一件简单的事。如果真的送了令对方眉开眼笑的礼物，这当然好啦，问题是有时候也会有让对方为难的情形。比如送的礼物过于贵重，会让对方感到为难，因为只是单方收礼的话会很失礼，那么收到礼物的一方就会想着需要还一份差不多价值的礼物，考虑到这个问题，有人就会觉得收下礼物后心情很沉重。

事实也确实如此，和欧美国家的人相比，日本人在人际交往中更注重礼尚往来，而且还有赠送高价东西的倾向。作为日本独特的文化习俗，日常生活中有类似“中元”和“岁暮”这样的纪念日。在我的家乡富山，儿媳妇的娘家给婆婆家年末送礼的时候，就有送鰤鱼或者新鲜鲑鱼的习俗，但是这样的习俗如今也逐渐被废弃了。到了年末或者仲夏时节，部下要给上司家里送礼的公司，以前挺多的，现在也减少了。

在一年里有那么一些时候，对于平时受到了关照但却一直没有机会表达感谢的人来说，是表达感谢的非常好的机会，因此就有了送岁末或者仲夏之礼的习俗。然而，我倒是认为对自己的上司、同事、朋友或者熟人，其实没有必要送仲夏礼或者岁末礼（当然也要看周围人的习惯），或者可以稍微错开时机，送当季的特产之类的礼物，对方也许会更为高兴。

庆贺结婚、生孩子，以及其他庆典活动的还礼，也很流行。这种时候，一般来讲会选择有保存意义的物品。不过非常有个性的，会让人怀疑你眼光的东西，一般来讲还是避开比较好。在日本，比较常见的礼物是类似海苔、茶叶等比较常规的东西。类似这样的日常必需品和消耗品，品质又比较好的话，非常受欢迎。或者家居必备的毛巾、床单等，也经常会被用来送礼。然而，如果全是这样的东西，就又显重复了，而且变旧后价值就会降低，这一点要注意。最近，类似这样的还礼，可以从商品图册中自由选择。比较极端的例子是竟然还有把商品购物券作为还礼的。

我倒是觉得从农家产地直接配送的蔬菜、水果，或者是特别推荐的物品，从自己被特殊照顾的店铺寄来的上等梅干、味噌、酱油或者腌制产品等，也是一种特别的选择，可每年寄送。这些都能显示出拥有着精致生活的主人，如何带着诚意送来了礼物。

还有赠送自己家乡大米的做法。大米是日常必需的消耗品，人们收到后都会非常开心的。

我再加上一点，我认为送花也是非常好的选择。玫瑰花剪掉根部的话很快就凋零了，但冬天的水仙花倒是可以持续多日。再比如一些植物盆栽，如果收礼人是我，我会感到非常开心。另外，自己平时不会买但非常喜欢的东西，也可以赠送，即使没有实用性，也可能是一份令人开心的礼物。其实，不是作为一种仪式在送东西，而是考虑到对方所思所想，这样去送礼物的话，礼物是能够很好地传达心意的。

人际交往中，最基本的就是不要缺少爱和感谢。让我们都将爱和感谢用各种形式表达出来吧，赠送礼物不过是其中一个手段，表现方法则要用心去体会了。

*走亲访友，带上伴手礼，*
*会让人感受到你的人格魅力。*

——

# 记得携带“伴手礼”

当被邀请参加聚会或者晚宴的时候，在美国或者澳大利亚，人们通常会带上红酒或者鲜花，有时候会带上自己做的点心之类的。不需要特别昂贵，基本是以在聚会的时候能够被大家用上为主。以前日本有一些人因为送太昂贵的礼物而让对方感到为难。其实，不让对方为难的话，送礼的人就会越来越多了。不过与此相反，空手拜访的年轻人好像也渐渐多起来了。

像这样的拜访，虽然我们并不用准备特别夸张的礼物，但是空手访问还是有失礼节，不太妥当。接待方为了迎接客人要做相关准备，花费时间和精力，为此表达感谢也是理所应当的礼节。这种时候和选礼物一样，比如价格稍贵但品质很好，自己平日舍不得买的食品、点心或者鲜花一类，少量准备一点能表达心意就好。而最好的还礼方式就是在合适的机会邀请对方。

如今去海外旅游告别时送钱的习惯被废止了，于是买礼物回来作为还礼的事情也就少了。不过作为旅游的纪念，收到礼物的人还是会非常高兴的。我的母亲特别喜欢钱包，我旅游的时候，有时间了就会去为她挑选钱包。母亲嘴上会说“钱包即使很多，但往钱包里装的钱却不多呀……”，但还是会非常开心地感谢我在旅途中惦记着她，给她买礼物。另外，如果对方的喜好很明显，比如喜欢收集某类物品，那么选择礼物便方便多了。

比起在旅途中一定要购买奢侈品，不如一边考虑想要赠送的人，一边选择要赠送的礼物，那么旅游也变得丰富多彩了，当然前提是不需要对方还礼。

现在商务场合拜访带上伴手礼的几乎没有了。人们即使收到印刻着公司名称和标识的文具等礼品，也没有感谢的心情，因为可以一目了然地看出是公司购买或制作的。通常伴手礼不是自己买的，不会让人觉得珍贵。

那种眼观六路耳听八方，脑子非常灵活的人，如果只想着委托别人办事而毫无感谢的表示，即使是为了商务工作，也会让人觉得不太舒服。准备一点儿让对方没有心理负担的小礼物，其实会让人际关系变得顺畅起来。比如去开会的时候，如果有人带着日本点心伴手礼来，就会给人留下非常好的印象。或许有因为太忙了没有顾及，或者没有时间去采购等现实情况，但如果稍微用点儿心，带上伴手礼，会让人感受到你的人格魅力。另外，对自己关照过的人，不妨给他的上司送一份土特产或者礼品，这样他就可以有一次和上司交流的机会，他也会非常有面子，这比他自己收到礼物还开心。

再有，在海外居住时，有被邀请做客的时候，一定记得准备好伴手礼。除了语言表达完全没有障碍，话题也很丰富的人以外，在海外是可以通过一份小小的礼物来实现交流，达到气氛融洽的。比如可以准备一些有日本特色的，能够展开丰富话题的礼物等。

*打电话看不见人的脸，*
*说话就是在展示你的真实状态。*

——

## 如何正确打电话

电话是非常便利的交流工具，是商务活动中不可缺少的工具。如今个人生活中没有电话也是不可能的了。我们自从有了手机，它就变成越来越不可忽视的工具了。然而能否用好，就变得越来越重要了。

电话沟通的第一步，就是在打电话的时候，首先要报出自己的名字，而对方此时是否方便讲话，也一定要确认一下。在电话刚刚接通的情况下，对方处于什么状况我们是不知道的，接通后立即询问一下“现在讲话方便吗？”，这也是必要的。如果是给非常忙碌的人打电话，好不容易打通了，打电话的人会很想开心地讲下去，但是对方或许是在会议中，或许在给顾客介绍着什么，又或者是在电车上、开车中。在上面的情境下，对方其实应该把手机切换到震动模式的，但有时候是忘记切换了，所以我们一定要先问询对方是否方便接听电话。

还有，拨打固定电话的时候，电话接通了也许对方不在家。那种时候，向接电话的人报上自己的姓名，询问一下什么时候再打电话合适。如果被告知的时间自己不方便，或者有急事要告知的话，虽然不符合礼节，也还是要拜托对方给自己回复电话。如果希望对方回复电话，即使对方可能知道自己的电话号码，还是别忘了告知接电话的人自己的电话号码。

即使偶然碰巧打通电话了，也切记不要打长时间的电话。年轻人会没头没尾地和朋友煲上半个小时或者一个小时的电话粥，成年人则没有那么悠闲。电话实现了与他人交流的重要作用，但即使是特别谈得来的人，十分钟以上的电话也还是尽量避免吧。

打电话看不见对方的脸，对方的状况也不清楚，但你展现的真实状态、讲话的口气，甚至吃东西或者喝东西的样子，其实都会从电话传递出去。这时，就要想象是在视频通话，向对方表示微笑或者点头示意来讲话，以避免带来不愉快的感觉。自己以为很正常地在讲话，而打电话的时候却传递给对方很严厉的感觉的人，就要努力做到放慢语速，清楚地温柔地讲话。

和打电话一样，发邮件也成了现在交流沟通的主要方式了。

首先清楚地写上某某先生（或者女士），尽量简短，提炼总结好要点，不要占用对方太多的阅读时间。如果是给很多人发送内容一样的邮件，记得放进 BCC（隐藏邮箱信息）里，严守保护个人信息的礼节。比起邮件一来就回复，不如将一整天的邮件集中在一个时间里回复，这样比较有效率。一定要注意别忘了回复邮件。此外，在网站上，有的没有素质的人会匿名写上一些没心没肺不负责任的话，对此要有思想准备。

拜访别人的时候，要确认一下对方的时间是否方便。类似在“我正好到附近了，所以就想顺便来拜访您”的情况中，如果对方恰好空闲那倒也无妨，如果正好忙着呢，突然来访又不能不管，这样就会让人非常为难。如果这一点儿道理都不懂，就会让人觉得拜访者没有基本常识。如果有事要找别人，记住一定要事先确认好时间再去。假如没有确认时间就冒昧地前去拜访，见上了算是幸运，但要记得一定要很快告辞。但无论如何，其实还是应该明白，冒昧拜访其实是一件非常失礼的事情。

*拒绝比接受要花费更多的心思。*

——

## 尽早地礼貌拒绝才不会失礼

被邀请参加聚会，说明对方很重视自己，如果再让担任什么角色或者分配了任务，那就说明自己有那一份能力，还有被人看中的价值。尽管自己各种委托都想接受，但毕竟一个人的时间和精力是有限的。

如果是不想支付会费，不想接手和自己的工作、收入或者公司考评没有关系的事情，或者不想去碰浪费时间的事情，而总是抱有一种拒绝的态度，那么你就有可能失去很多的机会和可能性，细想一下，如果真是这样，人生该多么遗憾啊。

如果是自己原本打算出席的活动，或者打算接手的工作，却突然发现和原定安排冲突了，或者由于其他原因不得不放弃，此时，我们就要尽量早点儿拒绝别人。拒绝比接受要花费更多的心思。本来非常想出席的，但是在知道“好遗憾呀，还是不行呢”的时候，我们还是应该尽早回复对方。如果一直犹豫再三，抱着总有办法解决的乐观想法，也许就会造成日程冲突，发生双重甚至三重爽约的情况。

无论怎样，如果有约在先，答案只有拒绝的话，就没有犹豫的必要，我们也只有选择拒绝好了。既然如此，那么就诚恳地尽早回绝对方。如果心里依然觉得实在过意不去的话，也可以在回绝的时候同时写一封信，或者送一束鲜花。但是如果你还抱着“回头有空了再拒绝吧”的想法，说不定你就有可能给忘记了。

不过现实生活中并不都是这么简单的情况。“本来很想拒绝的，但是和对方还有一份交情，因此还是不得不出席”，“虽然应该去参加，但一想到这个活动没什么意义就觉得有些打不起精神来”，“看来对我抱有很大期待，虽然非常荣幸，但还是觉得有些压力啊”，类似这样的理由让我们想拒绝的情况也有很多。像这样根本不是令自己心向往之的邀约，还是不要接受为好。如果不能马上拒绝，那么就留出一天的时间犹豫一下，或者定下一个时间点，考虑一下，比如到下周一回复（一周内收到各种邀请，周末整理一下也是一个比较合乎情理的做法）。

其实我自己也是不怎么擅长拒绝，总想着挤一挤时间，哪怕就一小会儿，也去露个面吧，虽然帮不上大忙，但也能起到一点作用吧。于是犹豫纠结半天才回复对方，实际上也就耽误了时间，而这对我和邀请方来讲都不是一件很好的事情。

受人之托后因为犹豫不决，拖拉一周或两周，对方会难以确定各种安排。本来以为你会接受的，结果最后被拒绝了，这时再给另外的人打招呼，对方可能会因时间问题失去很好的机会。所以说拒绝别人应该越早越好。自己承诺的时间如果怎么都定不下来，还是回绝掉比较妥当。

另外，当你拒绝别人的时候，一定要自己亲笔手写好理由。除此以外还要写上类似预祝大会举办成功一类祝福的话。如果是电话陈述自己拒绝的理由，要对对方的邀请表示感谢，但是出于不得已的原因不能如约赴会，要足够地表达自己的感谢和歉意，再说明回绝的结论。也正因为是拒绝，所以首先一定要特别郑重认真地感谢对方邀请自己，这也可以说是铁律。

*想营造真正的人脉关系，*

*应和人加深交流。*

——

## 参加宴会的礼仪

聚餐和宴会都有各种各样的礼仪讲究，但最重要的还是客人能在一起愉快地度过聚会的时光。我担任总领事的时候，经常宴请客人来官邸，最花心思的就是来宾的座位安排工作。如果来宾能很开心地彼此认识，谈话的时候热议的话题就会连连不断，那么就等于聚餐成功了。好的客人会意识到主人的这种心意，努力将聚会气氛引导到这种结果。在用餐的时候，要注意刀叉尽量不要碰撞出声，喝汤的时候，也尽量不要发出声音。交谈的时候类似政治、宗教，或者仅限于自己的话题，要尽量避免去谈论，这些细节，都是为了让所有来宾能愉快地度过而考虑的，当然也并不需要过分地去在意。

当愉快的聚会时间结束，客人就开始三三两两地散场离去，每一位客人会正式地告别，这时候礼貌周到地将客人送出去，是主人的分内事。聚餐的时候，因为要照顾到所有人，所以不能和每一位充分沟通，这种情况比较多。那么，在告别的时候，招待方和每个人都有了交流的时间，需要郑重地送行，感谢他们前来参加聚会并使得聚会很愉快，祝福他们事业有成、身体健康。而作为回礼，客人也一定要记得回一封感谢信。

这样的周到用心，适用于很多场合。比如公司聚会的负责人，在招待宴请重要客户的时候，或者作为主办方举办企业说明会的时候，要想办法让聚会变得吸引人。想方设法让参加者能够愉快地度过，并感谢他们的参加。作为被邀请的一方来讲，无论聚会是AA制也好，还是使用公司的公费也好，都不能认为被邀请和被招待是理所应当的。

如果自己作为主办方，也就是招待方，要清楚什么样的客人是非常好的客人。首先，会感谢主办方的一片用心和对自己的招待，愉快地度过聚会时间，并与周围客人积极交流，努力让聚会气氛变得开心，这样的客人属于受欢迎的好客人。对聚会的流程或者准备不足吹毛求疵，并且立即表现出非常不开心，这样的客人则会非常让人为难。无论是商务活动聚会也好，家庭聚会也好，或者是晚餐聚会也好，在这些场合中良好的举止反应，都可以提升自己的品格。

商务场合里，持续跟进很重要。去推销也好，想获得进行商务演示的机会也好，都会花费心思做各种准备工作，然而对在这之后的进展如何，很少有人跟进。也有不少人，明明经常来往走动，但因为企划竞标失败，或和对方的业务结束了，就突然不再联系了。

我多次强调过，想营造真正的人脉关系，不是在聚会的时候认识各种人，交换很多名片，而应是和平时一起工作，在日常生活中打交道的人加深交流，构筑起信赖关系。互相的信任不是在被推荐介绍的时候才有的，认识以后的进一步持续跟进，比什么都重要。拥有很多优质常客的酒吧经营女老板，对所有的客人不可能从一开始到最后都能照顾到，但在告别的时候，一定会特意安排出时间去送行，让对方切实感受到非常郑重而又温暖的告别。或许大家会认为这是她的工作，这样的告别理所应当，然而这也不妨成为我们用来借鉴和学习的参考。

*有着偶尔碰面时能怀念往日时光的友人，*

*是一件美好的事情。*

——

# 友谊地久天长

生活中有很多这样的例子，在学生时代曾经同过班，或者曾经在同一个公司共事过，或者在同一个公寓居住过的人，因为这些机缘认识并成了朋友。于是在那一段时间无话不谈，形影不离，经常一起聚餐，一起购物，一起去看电影或者展览，几乎比家人还要亲密。但是，当毕业了，工作更换了，居住地点改变了等，很多人就突然一下子结束了这些来往。接着或许会在新的环境，或者新的地方认识新的朋友。像这样在短期内很擅长结交新朋友，但接着又不断抛弃这些朋友的人，我不觉得他们属于有品格的人。

无论是你的女性朋友、男性朋友，还是恋人，如果你将这些伴随着你人生某一段时间不可缺少的重要存在抛弃，就如同你轻易地把你那段人生也抛弃了一样。虽然环境变化了，彼此能在一起的时间少了，共同的话题也会变少，但好似汩汩流水慢慢变成了涓涓细流，如果还能持续交流的话，就好比书架上喜欢读的书会增加一样，朋友也会增加的。

那么，具体应该怎样做才好呢？以前朋友则有每年相互邮寄一次贺年卡的习惯。根据贺年卡可以互相知道近况和确认彼此的住址。对于欧美国家的人来说，圣诞贺卡就是起这个作用的。现在，用电子邮件替代贺卡互相祝贺新年的人，也开始增加了，这其实也无可厚非。不过，贺年卡上因为有地址，所以不会轻易丢弃。虽然电子邮箱有时候会更换，但现在也有永久邮箱的服务了。一年中，我们至少应该发一两次贺年邮件，或者表达年中问候的邮件。有的人会制作邮件统一发送清单，定期给所有人发送邮件。能熟练使用邮件的话，用来维护自己的人脉关系将是非常给力的，更何况，发送电子邮件的费用基本为零。

校友会或者同期会，虽然不能做到每次都参加，但可以努力多参加几次。比如三次聚会争取参加一次，如果收到了印刷的问候卡，上面有住址变更，或者人事变动的通知等，就写一封回信，我们要珍惜与过去的联系。

令人印象深刻的是，有人会对曾经交往密切的人，选择一个合适的机会，给对方寄去一份合适的礼物。或者，当我们收到了朋友结婚、生子等通知时，可以立即写一张饱含真情的贺卡，根据对方的喜好选一份礼物寄过去。就算平时不怎么往来，甚至连电话也没有过，在这样重要的时刻，给对方寄上一份饱含真情的礼物，也会让对方觉得“他竟然还记得我呢”，在对方收到礼物时，这种意外也同时会转换为感激之情。

当然，也会有即使不寄礼物，甚至连贺卡也忘了，但会非常珍惜的朋友。有能互相怀念往日美好时光的友人，也是一件美好的事情。如果有偶尔会互相联络的友人，也会令人欣慰。

常言道“君子之交淡如水”，我曾经觉得这是多么平淡的友情啊，但是，也正是这样的友情，才能够长久，这也是一种有品格的人际关系。

即使不经常联络，有那种一直以来都对自己默默支持的朋友，也是一件令人感到温暖的事情啊。我也希望我能像那样去照顾我的朋友和年轻人，那该是一件多么美好的事情啊。

*记忆力有限，*

*记录下来是一个好方法。*

——

## 珍惜纪念日

有一位记得我生日的朋友总是给我寄书和贺卡。随着年龄的增长，会送来生日祝福的人也就减少了，但这位朋友始终每年给我寄来书和贺卡，让我十分感动。前一段时间另外一位记得我生日的朋友，专程从澳大利亚打来电话祝贺我的生日。很多人记得家人的生日，却很少有人记得朋友的生日。最近用邮件祝贺生日的人也增多了。我也在反省自己的粗心大意，确实应该记得朋友的生日。

我问这位朋友，他记得住的秘诀是什么。他告诉我，在以前用的台历上，他把很重要的人的生日都记录上去，每周的星期日会确认。想想如果制作这么一本记录册的话，那么“今天是谁的纪念日”就一目了然了。记忆力确实是有限的，记录下来是一个特别好的方法。在欧洲有那种制作精美，封面也做得非常结实，能持久使用的记录本。那些总记不住结婚纪念日和妻子生日的男性，倒是很推荐给他们。

记住侄女或者侄子的生日，他们也会非常开心的。

给朋友的孩子，或者给关照过自己的人寄去生日礼物，比寄去岁末或年中慰问品，更会给对方留下深刻的印象，也更会让对方感动吧。

当然，不仅是这样的纪念日用的记录本，制作一本自己用的记录册也不错。就像“日志”一样，可以把和恋人之间非常有纪念意义的日子记上，或者考试合格日记录上，或者把搬家日记录上，等等，可以在上面把对自己非常重要的日期都记录下来。

前一段时间，我和朋友一家人在一个带有别致庭院的餐厅一起吃午餐。绿叶在阳光的照耀下泛着亮光，水莲绽放着，由于忙碌，平时很难聚在一起的夫妻俩和 27 岁的儿子，一起相互拍照。对于刚刚结束和癌症病魔抗争而生还的夫人来讲，或者对于总算找到自己人生方向的儿子来说，这一天真的特别难忘。我的朋友不禁感慨道：“在这样的日子，觉得活着真的无比美好！”我想起在 92 岁的高龄离我们而去的母亲，在她活着的时候，每逢樱花盛开，或者月亮很美的夜晚，她都会因为这些美好而感动，会用自己的文风写下短歌，记录下来。而母亲的这些因樱花的感动留给我的回忆，就成了我人生的瑰宝。

在情绪消沉的时候，认为自己的人生跌入谷底永无翻身之日的时候，这样的记录也会鼓励自己，让自己想起人生中还曾经拥有过那么多美好，也能证明自己的人生并不都是坎坷和挫折。

不留恋过去的活法，或许也是一种美学吧。我们自己的一生其实就是一天又一天周而复始的重复。季节也好，恋情也好，抑或是我们的荣华富贵也好，都在随着时光的流逝不断变化。因此，这无可替代的每一天其实就是我们的人生，我们自然应该珍惜这一天又一天的日子。

CHAPTER 2

# 有品格的语言和说话方式

*如果别人使用敬语，*
*自己也要用同等尊重的措辞。*

——

## 敬语的使用

说起有品格的语言，很多人误以为是使用类似“如果可以的话，请您允许我也尝试一下……”“我衷心祝福您开心……”等敬语。对于女性来说，尤其是在日常生活中，像这样非常郑重地使用敬语或者谦逊语，或许不会有什么效果，而且听起来也有些令人感到不适。

诚然，能够非常自然地使用敬语和谦逊语讲话，是一件非常重要的事情。即使日语非常好的外国人，也会觉得最难的就是如何区分使用敬语和谦逊语的情况。确实如此啊，如果一个和我并不是那么熟悉的外国人，突然和我像老朋友一样打招呼说：“坂东女士，你是当老师的啊，不错嘛。”不仅是我，旁边的日本人听起来也会觉得很不自然。对于并不是特别熟悉的人，虽然并不要求你用那么尊敬的语言，但至少还是希望你能使用比较郑重一点的讲法。如果觉得“正如您所吩咐的那样”过于隆重，也可以用“正是”“是的”这样的讲法。在学校，我们学过要对年长和位高的人使用敬语，但我认为使用敬语，与其根据年龄和地位区分使用，不如根据和对方相处关系的亲疏来区分使用。

和并不熟悉的人见面的时候，无论什么情况我们还是都使用敬语吧。即使对方是比自己年轻的，或者职位还在自己之下的，在没有特别熟悉的情况下，都建议用敬语或谦逊语。对女性管理者来说，有的人会将异性部下称呼为“什么君”，或者用“嘿！整理一下”“嘿！打个电话”这样特别随便的说法，这会降低自己的品格。本来可能是想表达和对方是战友、伙伴，却给人一种霸道的感觉。即使对部下我们也应该用“我可以拜托你帮忙整理一下吗？”“请您打个电话吧”这类郑重的表达，这样会让对方心情非常好地工作。

在工作场合第一次见面的时候，如果自己是甲方的话，对方会用最尊敬的语言，比如“能给我一次机会允许我去贵公司登门拜访，介绍一下我们公司吗？”在这种时候，我们就不应该用“行啊，那你来吧！”这样非常随意的回答，而应该说“好啊，非常欢迎！就是要麻烦您辛苦一趟了，我们一定恭候您大驾光临”。即使自己是甲方，也不应该傲慢。实际上，当你使用尊重别人的语言时，无形中也就提高了自己的品格。如果别人使用尊敬自己的语言，自己也要使用同等尊重别人的措辞。当双方逐渐了解也互相熟悉起来了，就可以不用最高级别的敬语，而用普通敬语就可以了，不过也要根据情况而定。如果对方非常希望你使用最高级别的尊敬语，而你却没有使用，那么久而久之就会让对方感到不愉快。同时，对于对你使用敬语的人，你却没有使用敬语的话，那么就有些不妥了。总之，无论面对哪一位，学会养成习惯使用诸如“好的”“没有问题”等这样的语言对待对方，是比较安全的。听起来好像有些可笑，但现实生活中，也经常有男士因不被女士尊重而觉得心情不爽的现象。用平视的态度与对方对话，会感到不舒服的人也还是很多的，所以我们不要一开场就将事情搞得好像很失礼。

有些人会在工作中或者职场中使用敬语，但在私人场合就不使用敬语了，他可能会觉得那样做显得和周围人太生分。其实，即使是很亲近的关系，也需要互相尊重，建议尽量用“好的”“没问题”这样显得比较尊重的表达方式。女性朋友之间，越来越多的人在私交比较好的时候使用了省略敬语的表达，旁边的人会觉得听起来很别扭。就算和朋友讲话，也一定要记住不要使用显得不懂规矩和没有礼貌的讲话方式，尽量使用别人听起来会觉得很有修养的语言。

*所讲的内容准确无误地传达到听众那里，*
*会给人以好感。*

——

## 有品格地讲话

人们常说，第一次见面，我们判断对方的标准中，外表占重要部分，说话的方式也占很大比例。令人意外的是，说话的内容与给人留下的印象基本没有多大关系。这是一个非常简单的道理，比如一个人慢条斯理地讲话，他就会给人留下深刻的印象，被认为踏实稳重。现代社会中我们的信息量太多，在有效的时间里，想尽量多地为对方提供信息，于是大家都变成了快嘴。就连播音员，或者连线的记者，语速都变得很快，甚至 NHK 的播音员的语速，和以前相比也变得更快了。是不是语速快的话就显得反应敏捷，给人感觉很有活力、很有朝气呢？

然而，如果慢慢讲述的话，所讲的内容会更准确无误地传达到听众那里，也会给人以好感。而讲话语速快的人通常会被认为是急性子。急性子的人要有意识地放慢速度，讲话的时候注意停顿。首先，根据对方的反应，缓缓道来，这会让对方感受到你稳重的人格魅力。

此外，讲话声音的语气和声调高低也很重要。故意女孩子气地细声细气，或者高扬着声音，都会让人听起来不舒服，没有安心感。尤其是面对长辈，或者在男士面前，有人就故意要扭捏作态，装出嗲的声音，或者大声讲话，这样的话往往适得其反，会被认为是没有品格的女性。

最近，日本电视上的新闻女主播也开始不用那种女性化的高声部发声，而是用比较安定沉稳的低声部发音了。会议主持或者在室外上台讲话的时候，高声容易让听众听得更清楚，但一般来讲，用自然平稳的低声部声音讲话，听众听久了也不觉得累。有的人在会议上发言或者演讲的时候，一紧张声音就会提高，这样的情况下，深呼吸三下，先让自己平静下来，然后努力用腹腔用力发声讲话，自然就会有比较好的声音出来了。

有些人讲话，总感觉他嘴里好像含着一颗枣，含含糊糊的。如果你也是这样，平时可以张口练习来锻炼口部肌肉，然后尽量让每个发音都清楚准确。多做口部肌肉的练习，讲英语的时候发音也会得到改善，这样的发音练习是声音训练的基础。

实际上，我在澳大利亚担任总领事的时候，努力想让自己的英语讲得好一些，于是我接受了声音训练。虽然没有完全掌握，但是通过声音训练，我不擅长的“th”“v”“f”的发音得到了很大的改善。腹式呼吸无论对日语还是英语，都是非常重要的。

如果讲话的时候声音太小，会被误会为在背后说闲话，或者是没有自信。这样，自己真正想表达的意思没有传递到，确实有些让人为难。声音高了不适合讲秘密的话，听起来却很有能量，没有表里不一的感觉，比较容易给人留下好感。有的人讲话，句末含糊不清楚，这会让人猜测他是不是没有自信。有些人或许是留恋古代女性讲话时句末故意语义不明、含糊不清的表达，认为那就是有品格呢。与此截然相反的表达方式也有，那就是在结束的句末，非常清楚明了地表达，而这样又会让人听起来有些生硬感。那么，我们还是选择稍微高一点的声音，但不要有刻意强调的感觉，清晰地一直陈述到句尾吧。

*对他人不使用负面语言，*
*同样对自己也不要用负面语言。*

——

## 不使用负面语言

“有怪癖”和“有个性”差距有时并不大，“洒脱”与“不拘小节”有些相似，评价却截然相反。比如用“爽快大气”代替“不拘小节”的评价，给人的印象会有不同。从“有怪癖”这个词，能感觉到对那个人有些反感，而“有个性”虽然谈不上是完全的好感，却能感觉到有种包容。在美国，“没有个性的人”就等于“很无趣的人”。

不论哪一种，被人称为“有怪癖”，都不是很好的事情，这种给别人贴上负面标签的评价，我们一定不要做。日常生活中，对于失败来讲，只针对失败去追究就好，如果说对方是“干什么都不行的人！”，就成了指责这个人的人格问题，那就不对了。

如果拜托的事情办得不顺利，在气头上随性发火的时候，说出类似“再也不找你做了”之类的言论，就会深深伤害到对方。

我就有过这样的失误。比如，我对工作场合的伙伴说过类似“内部的想法绝对不可以公开”“把某某先生狠狠教育了一顿”“让某某先生做吧”之类的话，后来被外部的人很委婉地批评说使用那样的语言只会贬低自己。一定要有意识地不使用那些降低自己品格的措辞，即使对与自己亲密无间的同事，也一定记得不要使用。

对于工作速度慢吞吞的职场部下或者后辈们，也一定不要评判说人家“低能愚蠢”“脑子不好”，而要用“工作很认真”等这样正能量的表达。就像不擅长清扫和整理的人可能有超强的行动力，一个人总是有他的长处和短处。

对别人的长处能够用欣赏的方式表达讲给对方的话，别人对自己的评价也会同样反馈回来。相反，像“哎呀，你怎么胖了呢”“脸色怎么这么难看呀”“你是不是快累死了”等，这种让对方很不舒服的话说出来，不管是谁，听到都不会开心的。说的人有可能是不经意，并没有想很多，但说出这样的话还是有些欠考虑。“我以为你是非常敏感的人呢，其实也并非如此啊”“本来以为你这么优秀的人会很凶呢”等类似的说法，即使用了否定的说法，对方还是会觉得，原来别人是这样看自己的呢，然后也会感到不愉快。有些女性毫不在乎对方的心情，把一些不适合直白表达的话当面毫不客气地讲出来，作为自己的武器。产生的结果是，无论她是否会被尊重，都会被更多的人认为她内心有些不自信和恐惧，这个也一定要注意。对周围的人要使用类似“加油啊，支持你呀”“相信你一定行的！”等正面积极的语言。

对其他人不使用负面语言，同样对自己也不要用负面语言，“我总是马马虎虎的”“到底是上岁数了，真的完全衰老了”，类似这样过分谦卑贬低自己也是不好的。对自己，尤其是“反正像我这样的”等这样的表达方式不要有。听起来，这一点也不会让人感到你希望通过自己的努力，争取渐渐进步的动力。尤其是“反正如何如何”这样推卸责任的说法，从使用开始，就预示了会不抱希望地停止努力了。

每个人在出生的时候都是平等的。每个人作为一个独一无二的不可替代的存在体，被赋予了不可侵犯的人权。但是一定要意识到这一点：是选择努力去做一点有利于他人的事情呢，还是不负责任地过一天算一天呢？不同的选择会使人的品格迥然不同。伤害别人的话，绝对不要说，尽量有意识地使用有礼有节、正确并且优雅的措辞，如果能在平日里努力坚持下去，最后一定会出现一个令人不可思议的美好结果。

*使用好“谢谢您”的话，会非常优雅，*

*瞬间提升品格。*

——

## 魔法语言“谢谢您”

学习外语口语的时候，最重要的话语应该是“谢谢您！”。

“谢谢”这个词，可以打开素昧平生的外国友人的心扉。比如问询道路后，在店里接受了服务时，说一句“谢谢”或者“Merci”（法语的“谢谢”）的话，对方的心情会变得很好。

当然日语也是一样，在适合的场合，用适合的方式，使用好“谢谢您”的话，会非常优雅，瞬间提升品格。比如遇到女士优先的场合，对方让自己先乘坐电梯，不要摆出一副漠然的表情，而是要稍稍微笑点头示意，紧接着再轻轻加上一句“谢谢您”。别人挪了一下给自己让座的时候，即使不认识，也不要忘记说一声“谢谢”。自己穿的衣服或者佩戴的饰品被赞扬了，比起并不算妥当的“没什么，其实很便宜啦”这样谦虚的应对措辞，不如说一句“谢谢您”表示接受赞扬，这样会更好。

自己的工作得到了表扬的时候，也要诚恳地说一声“谢谢”来表达感谢。当然如果是团队合作，就要说“是我们大家一起加油努力的”，或者加上一句“多亏了某某的帮助呢”。自己写的论文，或者自己的发言被表扬了的时候，即使因为非常高兴，想把自己下功夫研究的要点和自己的独特性见解说出来，那个时候，也不要忘记轻声说一句“谢谢啦”表示接受到了对方的善意。

当然还要主动对在工作中帮助过自己的人，真心地道一声感谢。不能因为对方做的是职责之内的事情，就认为其帮忙是理所应当的。比如对待餐厅的服务人员、收银台的收银员，不能因为自己是付款的一方，就认为享受他们的服务是天经地义的，而是要郑重地说出那一句“谢谢”。

快餐店的服务员也好，便利店打工的店员也好，他们都会根据服务手册的要求，在接待来客的时候，充满热情地高声说“欢迎光临”和“谢谢您”，然而，客人的态度却可能非常冷淡。非常遗憾，日本人在日常生活中不太擅长使用“谢谢您”这句话。

用“那太不好意思了”“好抱歉呢”，来表达谢意的人也有，但我还是比较喜欢用“谢谢您”，这句话更自然贴切一些。而对应回答的时候，我比较喜欢用“托您之福”这样的语言，不过稍微有一些过时的感觉。

使用“非常不好意思”或者“抱歉啦”这样的措辞也是很好的方法，使用这样的语句开头，传递出去的话语就会变得柔软一些。比如，如果讲话前这样说“非常不好意思，请带上……”“很不好意思，能做一下什么吗？”“非常失礼，请问您是不是……？”，那么拜托别人帮忙的时候，或者指出别人不合适的地方的时候，就不会让对方有受挫或受伤的感觉了。

与素不相识的人打招呼的时候，不要像电视剧那样使用“那里的那位女士……”，但至少可以加上“失礼了”“非常不好意思”，这样打招呼就很自然了。熟练地使用这些带一点点“魔法”的措辞，周到有礼地采取行动吧。

“谢谢您”或者“受用匪浅”等措辞，对方听着顺心，自己也会感到很幸福。使用“不可以”或者“不喜欢”“做不到”这样的表述，说的人也会很难过，不好开口。其实，不用明白清楚地说“No!”，也可以把拒绝的意思传达到。这样的技巧在社会生活中也好，商务活动中也好，都很通用。女性在工作中有必要好好掌握这样间接表达拒绝的技巧。

但是女性有时候也有必要非常清楚明了地表达拒绝。现在，仍有人误解“女性很容易不好意思，即使喜欢也会说讨厌”，然后，让人为难地纠缠不休。因态度不果断而招致羞辱的事件也有发生。

还有，拒绝的时候不要只传达结果，要郑重地向对方解释理由和情况。

*在正式场合有讲话机会的时候，*
*有必要提前把要讲的话整理一下。*

## 讲话声音清楚明亮

会读、会写还有会说，这是我们作为一个成年人在社会中不可缺少的能力。读和写的能力在学校就学习了，而说的能力应该是在上小学前，在家庭和幼儿园就开始了。所以说，谁都会讲自己的母语，但是成年之后，具备足够交流沟通能力的人却为数不多。

我不太喜欢类似“我个人认为……”“其实我无所谓啦……”“看起来你好像挺感动的嘛”这样的表达方式。另外，如果在沟通中使用业界术语，那么不属于这个圈子的人，听到后就会不知道该如何反应。年轻人的圈内话，有时会成为被指责或者批判的对象，主妇之间，公务员之间，教师之间也有圈内人才明白的独特的简略用语或者业界术语，但圈外的人使用这样的表达，会使他们感到不适。也许，那是同类人之间使用的与伙伴产生联结的交流方式，如果在那个场合的所有人都能明白，那也算说得过去吧。

然而，假如不是同一类人，能否将沟通顺利进行下去呢？这又是一个新的问题了。如果在场的有不认识的人，还是应该考虑使用大众都能听懂的标准语言，清晰且明亮地讲话。当需要停顿和强调的时候，就应该停顿下来说清楚。在正式场合，或者在众人面前，有讲话机会的时候，还是有必要提前把要讲的话整理一下，讲话的顺序和重点也可以先做个笔记。

如果一个人在公众场合讲话时非常紧张，就不会让人感受到他的气质和品格。无论是答辩会还是记者会等，谁在这样的场合发言都会有一些紧张的——就算是大公司的老板上台讲话，因为紧张而变得拘谨，也不足为奇。其实，无论是谁，都有必要接受公众演讲的技巧训练。前面也提到过，专业的声音训练是要学会用腹式呼吸，从开口大声读开始的。

最近的播音员和演员讲话速度都很快，作为不是业内人士的我们来说，如果讲话太快就会无法清楚地把意思传达给对方。所以，我们在讲话的时候先要做到吐字清楚，缓缓道来，边讲边判断对方是否理解。如果讲的话没有清楚明白地传达给对方，那么自己的话实际上是白说了。

*在职场上使用有些做作的语言，*

*也是不太妥当的。*

——

## 忌讳粗暴语言

有些人对于男女平等有些曲解，会认为女性也可以不用尊敬语和谦逊语，比如会说“你搞什么呀！”“浑蛋！”“臭老太婆！”等粗暴的语言。出口就是脏话甚至骂骂咧咧的女性，有时候会让他人吓得目瞪口呆。一些女性进入职场后会逐渐变得强大起来，会被指责说话用词太野蛮。我们在职场上确实有必要使用正确的语言。

问题是，当处于私人场合，有人会问：“这样的说法为什么男性可以用，而女性却不可以呢？”此时我常这样回答：“粗暴的语言或者脏话，无论男女都不可以使用。男性也好，女性也好，凡是优秀的人总是会努力使用得体的措辞。”

当然，男性之中，也有人误认为使用粗暴的语言是展示其阳刚的表现。其实，这和认为只要是男性就可以行使暴力是同样错误的想法。那样的“爷们儿风度”还是需要早点纠正。像“浑蛋，找死吗？”“怎么像娘们儿似的啰唆啊！”等具有威胁性的暴力语言，几乎都是面对弱小人群使用的，当面对地位高或者强势的人，这些人往往不太会使用了。在年轻女性或者职场女性中，也有人错误地认为，像男人一样的举止动作看起来会很酷，甚至有人还错误地模仿男子汉似的模样，这可真是太浅薄了。我们应该模仿的是非常值得赞赏的男性长处，而不是男人不好的习性。语言也是一样的，男性使用的话语，如果是出言不逊，或者是会伤人的粗暴语言，还是要努力做到不去使用。

看起来似乎很女性的用语也有听着很别扭的。比如日语中“哎哟哟，听说您高升了呢，我之前可是一点儿也不知道呢，孤陋寡闻真是惭愧呢，您可千万别生气哟”，类似这样故意嗲声嗲气地讲话，在工作中经常会令人无比厌恶，其实这非常影响工作，并且不见得有什么沟通效率。再有类似“这也太可爱啦！”“不会吧！……真的假的呀？”“你可真讨厌啊！”等语言，好像是年轻女性经常会使用的，作为一名成熟的社会人，尤其在职场上，使用有些装嫩的语言也是不太妥当的。同样，像“这个给我做一下嘛啊……”等故意把尾音拖得很长的说话方式，有人认为这样会像小女孩一样很可爱，但他人听起来可能会感觉对方在故意发嗲，也会令人特别不舒服。再比如，“关于我呢（也有人说关于山田，将自己的姓说出来）……”“这难道不是……吗？”这样比较常见的流行的说话方法，也许用了些心思，然而还是会让人觉得没有品格。

遗憾的是像这样的措辞，自己一个人的时候本来不会使用，而三四个朋友们聚集在一起的时候，就会毫无顾忌地使用了。甚至不顾及周围环境大声说话，大声笑，叽叽喳喳地吵闹起来，这时就不单纯只是语言粗暴没品格的问题了，这也不是女性应该有的行为。反之，有人会担心在一群人里如果只有自己一个人规规矩矩地讲话，会被认为是装腔作势或者摆谱，像这样无视他人或者过于在意周围人的看法，其实像是一个中学生。

如果一个成人只会驾驭在小圈子内通用的语言，那是一件令人感觉有些羞愧的事情。运用得体的语言与其他人沟通，这是作为一位有品格的女性不可缺少的能力。作为一位成熟的女性，不仅对自己熟悉的同伴言语得体，还应当有能力顾及周围的人。当在商店、电车、电梯、马路、车站等不特定的环境里，周围有很多人的时候，我们不可以好似周围什么人都不存在似的随意大声讲话。即使素不相识，也应当意识到他人的存在，做到让人觉得你的行为举止不失礼、不过分。

CHAPTER 3

# 有品格的着装

*流行的东西都很昂贵，*
*而且马上就会不流行了。*

——

# 不盲目追赶流行

有品格的着装是什么样呢?

在日本，新的东西很容易被大家认为很酷很漂亮。那些大众眼里的名人或者有钱人，给人的印象总是用流行的服饰包裹着自己的身体。每个季节推出的新款服装，确实很新鲜，看起来都很有设计感，而且也很漂亮。但是，最新流行的服饰，很多可以称得上奇特和极端了，尤其是那些作为样品尝试推出的。这样的流行，随着时间的流逝会被取舍和淘汰，最后消失，最终留下来的也就是经典款了。

因此，如果不是演艺明星或者模特等，而是从事平常的工作，过着平常生活的女性，那么没有必要去追赶流行。说得更简单明了一些，如果衣服品质好，穿着清清爽爽，并且也很适合自己的话，那么是否流行便不重要了。不过，有一个很不可思议的事情，就是曾经很流行的服装，无论自己多么喜欢，现在再看，好像也看不出来哪里好了。流行的东西只要经过一两年，就会改变，而且一眼就能看出来是过时了。如果总是追赶流行，那么就会感觉自己能穿的衣服总是处于“饥荒”状态，总觉得衣服越来越少。还有另外一种情况，有些衣服虽然已经买了很多年，但是看起来完全不会给人陈旧感，这就是经典款的魅力。

流行的东西都很昂贵，而且很快就会不流行了。因此你也就不想穿了，这也非常令人心疼。经典款的东西，虽然贵一点，但是品质会非常好，几乎可以穿上五六年呢。反之，如果连五年不到就觉得过时不能穿的衣物，可以说它不是经典款吧。我的东西使用时间都比较长，常有十年以上还在穿的衣服，那是因为，我不购买走在流行最前端的衣服。

当然，如果总是穿经典款的话，那么生活也可能会变得很无趣。还有，别人可能会认为，怎么你总是这么不跟进潮流，固执己见，偏执死板呢。身着流行服饰，能够给周围一种耳目一新的刺激，自己也会觉得怦然心动。我清楚地记得，获得文化勋章奖的森英惠，关于服装流行她说过：“你看，大自然每天都在变化，让我们不觉得厌倦，但是，人类制作的东西，随着时间的迁移就会变得陈旧，所以，我们必须要通过时装来推陈出新。”因此，即使是经典的款式，穿了十年，也会变得陈旧，而且，我们自己的身材也多少会有些变化，到了一定的时候，就一定要狠下决心做个断舍离了。

因此，我们对服装的流行元素，还是要学会采纳吸收一部分。一边体验一下不一样的新鲜感，一边要学会在适当的地方，适宜地驻足停留，这也是非常重要的。套装也好，风衣也好，价格都不菲。经典款的，一般都是得到公认的，选择至少穿五年，而且不会被流行所左右的那种。我认为可以在衬衣、鞋子、饰品、丝巾、提包等配件上，带入一些流行元素。

另外一个话题可以算得上着装的哲学了。即使是流行的服装，如果遇到特别适合自己的，也早一点入手吧。在当季拼命地连自己都觉得有些厌倦地经常穿，然后就放手不要了，类似这样做法的人也有。每个人的喜好、眼光不一样，自己按照自己的喜好去判断就好，一般来说，不盲目地追寻流行，就能够打造出有品格的装扮。

当然，像古驰、香奈儿、爱马仕这些国际一线品牌的东西，品质好，也让人放心，但价格也确实昂贵，最关键的还是看是否适合自己，自己有没有自信驾驭它们的风格，不要仅仅因为喜欢，就没完没了地拼命购买。

*选择什么样的服装，*
*也体现了人的审美眼光。*

## 质量好、品相新的打底衫

我有一个朋友，经常会送我很漂亮时尚的衬衣或者T恤衫。这对于打底衫不多的我来说，是令我非常开心的礼物。内搭衣服变化多样，就可以有各种搭配了，这样自己也经常会有小兴奋和喜悦感。对于特别时尚漂亮的内衣，我看到有喜欢的也会忍不住购买。虽然价格稍微高一些，但也还是有上限的，这样，就算是冲动购物，基本也不太会后悔的。

短裤和衬裙这些也是一样的。如果看到心动的好商品，我也就毫不犹豫地收了。

我们的外套，也是在向别人展示自己的喜好和眼光，所以，无论是谁，都会特别在意选择好的和适合自己的外套。但是，对内搭的衣服就不太会认真考虑了。

江户时代的人们，对外面穿什么是有规定的，不能自由地享受时尚的着装，于是那时人们在内衣或短外褂的里子上特别用心，也做得非常奢侈。真正的有品格的时尚，在别人看不到的里层衣服或者内搭服装上，绝对不会草率和马虎。

顺便也还要说一说，裙子和裤子也很重要。有适合自己体形的裙子和裤子的话，可以非常放心地搭配各种衣服。和任何上衣都非常容易搭配的裙子或裤子，往往是风格简洁，品质和缝制技术也属上乘水平。如果是面料非常好的纯色裙子或者裤子，就需要定制或者半定制，偶尔进行这种奢侈消费也是值得的。

比如，与各种上衣都好搭配的，一年中至少会穿上几十回的深蓝色裙子，和一年大概只有一次，或者一次也没有出场机会的宴会装，哪一个利用价值高呢？当然不用考虑，肯定是裙子啊。裙子即使贵一点，也应该尽量购买适合自己体形、设计版型好、面料结实耐用、质感很好的。宴会装的裙子，一眼看上去非常奢华亮眼，只要适合自己，品质便不用那么在意，甚至可以考虑租赁使用。流行元素太多的衣服，即使品质非常好，可以穿很长时间，但因为流行元素会过时，不能穿十年或者二十年，即使拥有了，也会在橱柜里占地方。

鞋子也很重要。年轻的时候，习惯穿高跟的，鞋头又细又尖的鞋，后来渐渐地喜欢穿容易走路的，穿上脚很舒适的鞋。那么按自己的脚做一个鞋楦子，然后按照鞋楦子定制适合自己脚的鞋，也是非常考究并且时髦的事情。虽然这样，但总是穿低跟儿的标准款的鞋自然也会厌倦，那么就时不时换一下时尚的鞋，换一份心情。但是，这时就要区分使用场合了。像高跟儿凉拖鞋那样的鞋，后跟不稳，只适合在私人场合穿。如果鞋子走路时会发出声音，尤其是拖拉板儿鞋，也只适合在私人场合穿。

饰品也很重要，不同的搭配会带来不同的结果。真正的宝石，由于价格昂贵，大多数人只可能买一个很小的。然而，如果是装饰性很强且有设计感的饰品，宝石即使很小，也不会显得很穷酸。使用仿真的赝品，倒不如使用合成树脂，或者玻璃质地的有特色且时尚款式的饰品，这种也很有存在感，令人乐在其中。比如戴上和服装颜色搭配的耳环，不是为了展示宝石，而是把它作为时装的一部分在使用。着装佩戴也是根据时间、地点、场合等不同而选择饰品款式的，同样的服装出席完全不同的场合，也不会出现令人尴尬的局面。因此，包里可以经常放上两三种不同的佩饰，这样更换就很方便了。

我年轻的时候曾经认为人内在的东西很重要，服装就如同包装纸一样。但是，现实生活中，通过包装纸判断内在东西的人还是很多的。再有，选择什么样的包装纸，也体现了那个人的审美眼光，其实这也是一种才能。所以，作为女性还是应该努力做到有品格地着装。

*标志性服装，*
*穿上后会令你信心十足。*

——

## 决定关键时刻的标志性着装

服装搭配的时候，有时看起来每一个配饰和组成部分，都是非常昂贵且令人赞叹的，但是组合起来却又显得有些俗气了，还有颜色搭配不协调，也会是一个失败的原因。我曾经阅读过在日本活跃的法国作家弗朗索瓦·玛莱莎的《不要失败的时尚》一书，可以说受益匪浅。其中一个原则就是一定要有自己的基础色，这个道理真的非常实用。比如把黑色、藏青、灰色、土黄这样的颜色作为自己基础色，以基础色为中心，去决定服装、包包和鞋的搭配，整体就会很有协调性，也就不至于失败了。买各种各样小配件的时候，也要考虑到和自己的基础色是否搭配。我是微胖的体形，所以尽量选择有显瘦效果的藏青和黑色为基础色，决定了基础色以后，搭配什么的就变得非常容易简单了。土黄色和灰色，是和任意色都好搭配的颜色，那么，根据个人喜好来选择就好。

另外，我非常注重不把过于个性的设计作为主要元素。实际上，纯色的衣服也更容易搭配各种饰品，如丝巾。

基础色的东西尽量选择质地好一些的，我比较喜欢选择价格稍微偏高的羊绒毛衣和真丝类的衬衣。基础色的衣服使用场合多，所以也会狠下心出血本儿购买。比起高价购买一年中都不知道会穿几次的套装，不如购买一年中可能会穿上几十次的基础色的毛衣或者裙子。

最为重要的是，一定要有一套自己的标志性服装。说起标志性的服装，不得不提日本曾经的外交部长山口顺子，她就是因红色套装而非常知名。这个标志性服装一定要非常适合自己，而且是可以出现在任何场合的服装，穿上后会令你信心十足。而要拥有这样一身服装，比起到了关键时候才匆忙奔出去寻找、购买，不如是在平时外出时多留意，如在偶遇搭配出色到令你心动停留的橱窗模特时买下。我们也会有和朋友撞衫的时候，虽然略有尴尬，但双方也都会感慨道："真是巧啊。"既然如此，那么不妨让良缘带来更多的幸运。

如果那身服装用到的时候很多，和同样撞衫的人在另外的场合再次撞衫的可能也会有，相互都会想着怎么又一样了，照片拍出来也会保留撞衫的记忆。那么，记录一下自己在同一场合上次穿过什么衣服，可能会好些。不过，比较遗憾的是我无法做到这么细致地管理自己，于是我也常常有失败的时候。我以为有一套标志性的服装就可以安心了，但看来还是要有个两三套。也可以说，我们手边还是应该准备几套属于自己的标志性服装才妥当，当然，现实和理想往往是有出入的。

*稍微有所收敛和保留，*
*反而更有韵味和魅力。*

## 犹抱琵琶半遮面

“藏而不显视为碧玺，无遮无掩自毁价码”（《风姿花传》），这是日本著名剧作家世阿弥的经典语录。其蕴含的深奥哲理不只适用于能剧艺术，而是适用于所有的艺术表演。这句话在说任何事物不需要从里到外展示得淋漓尽致，在没有全部展露出来的地方，观众会不由自主地赞叹并产生极大的兴趣和好奇心，从而引发观众想进一步了解的欲望并逐渐入迷。

同样的道理，我们着装也是一样，比起暴露太多不如半遮半掩，不仅有品格还更有魅力。比如，超短裤和迷你裙是合适的，但是在长长的开衩长裙里，露出大腿根，就会让人吓一跳，这确实很性感，但是穿着场合不对，就显得没有了品格，所以这样的着装我们还是要细思考量才可以。

还有露肚脐的，有透视效果的透视装等，让女性的肉体毫无遮拦地在公众面前露出的服装，我都不太赞成轻易去尝试。在有各种人聚集的场合、公共场所，比起展示自己的魅力，更应该为自己的品格着想，因此自己的着装打扮要有所保留。虽然有人并不在乎是否露出自己的身体，穿得清凉是走健康路线，但也一定要记得这样可能会失去自己的魅力。“藏而不显视为碧玺”虽然指的是与艺术、境界相关的东西，但在着装打扮上这也是通用的原则。无论你是四十几岁，还是五十几岁，都要像一位女性，有品格，有魅力，不是所有的场合都需要放开来展示，稍微有所收敛和保留，反而更有韵味和魅力。

同样，这个哲理适用于人生的任何一个场合。在公共场合，不要把自己的所有事情都翻出来倒个一清二白。我做过一段时间的公务员，相关经历，都被大家知道得清清楚楚。我认为，年龄和学历没有必要隐藏，所以我经常公开讲。但是，即使是同一年入职的人，有的人在学校时可能复读过、留级过，还有的是中途入职的，所以，如果自己不说，别人也不会清楚他的年龄。其实，像这样的个人信息，除了对自己的私交没有必要隐藏外，如果仅仅只是工作上的关系，那么，就没有必要说。对必要的人，在必要的时候，只说必要的信息就好。

自己的失败，或者劳累辛苦，也没有必要到处说，在自己的内心里消化。即使讲述给别人，也要做到用平静的状态陈述，再学会带点儿幽默，好比在讲述一个别人的故事一样，淡淡地讲述就可以了，不要还带着愤怒、后悔、可怜、仇恨这些情绪，像是控诉或者告白。如果是迫不得已，自己非常苦恼烦躁，希望有个人来倾听的时候，比起告诉自己的朋友，或者身边最亲近的人，不如找可以聆听的咨询机构来匿名商议。无论是对友人，还是身边最亲近的人，或者对自己比较友好的人，都不要太暴露自己的弱点和丑陋之处比较好。一般来说，连自己都没有消化好的事情，就不要告诉别人。说也可以，但是自己非常纠结且没有搞明白的地方，还是应该放在自己的心里，静静等待，悉心守护，随着时间的推移，伤口一定能被疗愈。

将一个不完美的、缺点很多的自己，毫无保留地剖析给别人，以此获得别人的认可，这其实是一种不谨慎也不谦虚的态度。尽量不要向别人展示这样的自己，哪怕仅有那么一点点的可能，努力把一个完美的自己展示给别人，也会提高一个人的品格。其实，无论多么优秀的人，地位多么高的人，甚至我们看到的成功人士，一旦揭开表面的面纱，弱点也好，内心的无情也好，不堪的部分就暴露出来了。然而有这样的弱点，是人之常情，并不是必须要马上更正，而是努力不要在表面上显露出来，这才是最重要的。

反之，如果这样的努力太艰难，太麻烦，怎么都做不到，因此想要放弃的话，那么渐渐地你就会变成一个没什么品格的人了。日本的年轻人，最近被指责行为举止没有规矩，也不懂礼貌，那是因为很多年轻人都把“哪怕进步一点点”的追求给忘记了，反而退而求其次，抱着“我觉得这样就挺好的”这样消极的人生态度。这样的现象，与其说是经济原因造成的格局差别，不如说是对个人评价的标准差别造成的。

也不知道从什么时候开始，日本对个人评价的标准产生了变化。对努力追求进步的人，会公开诋毁“那家伙不怎么样啊，是很过分的人啊”等，来拖他下水，社会整体好像也变得缺乏善意和同情心，变得没有品格了。但是，就算这样，我们也不要输给周围的恶意，就好比要每天努力将自己打扮得漂漂亮亮一些，并且还要持续努力下去，逐渐将自己的优点展示出来，而不要让缺点太明显。

*昂首挺胸，打开肩胛骨，*
*心情也会因此快乐起来。*

——

## 保持正确的体态

如果耷拉着肩，佝偻着胸，弯曲着膝盖，拖拉着鞋走路，那么再漂亮的衣服穿在身上也不会好看了，即使是个子高挑，身材很好的人也不会例外。然而，就算个子不高，却挺胸抬头，走起路来英姿飒爽，看起来也会更帅气漂亮。所以，一个人的体态很大程度上左右着他人对这个人的整体印象。

大家通常会认为，法国巴黎的女性都很时尚，然而比起她们的脸庞如何漂亮，着装和发型多么酷，其实给人留下更深刻印象的，是她们非常自信地走在大街上的姿态。东京女性，通常都对自己脸部的妆容要花费很多心思，而且身着价格不低的时装。但是巴黎的女性们，总是高昂头颅，抬头挺胸，那副飒爽英姿，看起来更帅气和漂亮。据说，她们从小到大在家庭里受过严格的体态训练。化妆的时候，要检查自己的体态，确认平时是怎么样的姿势，因此，她们家里面到处都有全身镜，她们还会经常通过玻璃橱窗确认被映照出来的自己的体态。

在日本，需要和式正坐的场合越来越少了。落座下腰的时候要浅坐，膝盖并拢，两脚收在一起。无论你化多么漂亮的妆，穿多么美的衣服，抑或言谈多么诙谐风趣，如果坐着时膝盖打开了，自己的形象也就毁了。跷起二郎腿还想塑造优雅举止，其实是一件很有难度的事情。下腰落座的时候，上半身要稳稳当当，并将后背脊梁挺直，这样的话体态就优美了。我以前去爱知县半田市的时候，整条大街上人们都在参与“拉伸腰板运动”，当时我觉得很不可思议。后来市民们给我解释，以市长为首，整个市区的民众都在参与将腰板儿挺直，让姿势更优美的运动。另外还做腹式呼吸，这对健康也很好。

在日本，女性都会穿和服，当腰带需要绑紧的时候，背部会挺直。穿洋装的时候，更要注意姿态的优美，这样也好看，对健康有益，气质品格也会提升。所以时刻注意挺直腰板儿，这非常重要。另外，将肩胛骨朝着背部的中心有意识地收缩时，胸部就打开了。我经常得到这样的建议，要挺胸抬头，感觉头顶中心有一根线要把自己拉起来，这样看起来体态就会很美。

判断一个人的内在品格很难。所以，人们经常会通过外表来判断一个人的品格。所以，无论服装还是待人接物的态度，都会对这个人的品格评价有很大的影响。外表看起来是堂堂正正，充满自信，还是唯唯诺诺，非常不安，通过外表得出的结论会很不一样。其实，外表收拾得当了，对自己的内在也会有影响。碰到令人忧愁和郁闷的事情，如果可以保持体态端端正正，内心开朗阳光，告诉自己要打起精神，在不知不觉中，自己的心情也就变化了。

那么，就让我们都努力做到昂首挺胸，打开肩胛骨，相信我们的心情也会因此而变得快乐起来。

*营养搭配合理，吃七八分饱，适当地运动，*
*才是减肥的根本。*

——

## 千万别长赘肉

在美国，商业社会里流行这样一句话：“长得太胖的人，没有自我管理能力，不适合做管理层。”确实，美国有很多高热量食品，比如甜点，患肥胖症的人很多。但是，大公司的经营者、管理者，或者名校大学的教授，却很少见体形肥胖的。昭和女子大学的肥胖学权威木村修一教授曾经这样说过：“日本人和美国人，基因不同，体质不一样。像美国人那样胖起来之后，就容易发展成糖尿病了，因此，有越来越多的人对肥胖症感到苦恼。我也毫不例外，也是一个喜欢吃的人，所以有些微胖，因此我对肥胖症患者的心情，也能感同身受。”

肥胖对健康不利，据说一些常见疾病源于肥胖，而且，肥胖者在社会生活中也处于一种不利的地位。虽然没有到美国那样的程度，在日本，人们也容易对肥胖者持有迟钝、不灵活、不时尚、脸皮厚等负面印象（虽然也会有这样的人很好、很宽容、很大方、很热心等说法）。比如，当提到日本美学的时候，人们会认为清爽偏瘦的人比较符合形象，认为苗条的人上电视和拍照都很漂亮，穿上漂亮的时装也会好看。

年轻的时候稍微丰满一点，也是非常可爱的。像十几岁或者二十几岁年轻的日本女孩子，追求苗条的愿望过分强烈。看起来就好像营养不良，体格非常弱的女性非常多，这也成为问题。年轻的时候如果营养失调，那么将来就容易造成代谢异常，也容易得骨质疏松症。瘦骨嶙峋的年轻女性，会被认为很美，其实这也是现代社会一个错误的意识，在这里就暂且不讨论这个问题了。我想讲的是作为一名成熟的女性，一定不能让自己身上长赘肉，这是要在日常生活中时刻注意的。

我们没有必要特别勉强地减肥。勉强减肥的话，往往失败的频次也比较高，就算一时体重下去了，马上也会反弹，结果就会成为很容易发胖的体质。既然如此，选择营养搭配合理的高品质食物，坚持吃七八分饱，才是减肥的根本，还要加上适当的运动。听说大荣公司的林文子会长每天会走上 14 层的办公室，要走 288 个台阶。

说一千道一万，不长赘肉的生活铁律，是一定要拥有不被强烈的食欲左右，不对自己太宽容，坚持运动的精神。像这样有节制的生活态度，也就体现了品格修养。

也有即使非常努力地节制自己也会胖的人，和并不那么努力但可以很瘦的人，那就是体质的差别了。“虽然努力了但没有回报”这种事情也会有。那么，我们就作为特殊情况去学会接受。学会用高瞻远瞩的视角看问题，也是非常有必要的。无论如何，我们还是要尽自己最大的努力去做好自己。

*无论哪种时尚，*
*清洁的头发和皮肤都是基本要求。*

——

## 学会发型打理和基础化妆

“女性不漂亮会被看不起”，这是出生于前田侯爵家的酒井美意子的母亲教育她的话。记得当初我读到这句话的时候，对于一直相信“内在比外在更重要”的我来说很受打击。因为我并不是个美人，所以一直认为要注重修炼内涵。于是，我还写下了美丽的装扮是女性的武装这样的话。前面也说过好几次，人们是由外在来判断一个人的。女性漂亮不仅容易引起周围人的好感，还会被大家重视，再加上举止端庄大方，女性的品格也就自然具备了。但是，我们环顾一下自己的周围，女性不愿意被轻视，并不是说一定要是绝世美女，只要你具有让别人对你产生好感的自信，这就足够了。

举一个具体的例子，很多女性羡慕空乘服务员这个职业——虽然现在我们一般不叫空姐，而称其为空乘服务员。作为专业的服务人员，她们使用的措辞、端茶送餐的服务方式和应对投诉的方法，还有她们的妆容和发型，都接受了严格的训练。结果是她们每个人并不一定都是美人（非常抱歉啦），但是，她们经过训练打造后，成了很多年轻女性都非常崇拜和向往的职业人。

仔细留心观察一下，我们能够看到，她们的发型都是中长发或者短发，长发也是挽起来做成盘发的。虽然长发飘飘很有女人味也很有魅力，但是，在这个岗位和工作场合，这样的发型是不合适的。虽然现在流行染发，然而在她们中间，颜色很亮的茶色或者金色都不太容易看到。另外，发型的重要性也会超出我们的想象，发型会对那个人的整体印象产生影响，因此，发型一定要符合职业身份，符合所处场合的需要。

但是，无论哪种时尚，清洁的头发和皮肤都是基本要求。而这一点，日本人可以说是有过之而无不及，他们非常重视干净，甚至过分清洁，破坏了正常的菌群，导致皮肤粗糙，这也需要注意。

和皮肤护理一样，日本的化妆品和卫厕用品的水平，在全世界来说也是最高的吧。说一个多余的题外话，据说对国外的人来说，最受欢迎的礼物中，其中一个就是日本的洗发水，而且是家庭常用的按压式大瓶装的。护理皮肤的根本原理是清洁和保湿。有品格的女性化妆，基本上是在经常得到护理保养的皮肤上化上淡妆。在过去，画眼妆和使用色泽艳丽的口红，会给人不太良好的印象，但是，近年来，眼妆也成了化妆的环节之一。随着时代的变迁，人们的审美标准也发生了变化。

在纽约的时候，我出席女性总裁会议，和一些官方或非官方组织的女性聚会，在两种类型的聚会上，与会者的服装和化妆大相径庭，而且一目了然。女总裁的会议上，女士们都是穿着做工很好的套装，浅口女鞋，有精干的短式烫发。民间组织的与会者，几乎都是长发，穿着民族服装式样的木棉质地的衣服、旅游鞋。由于职场环境不同，生活方式不同，着装就会有很大的差别。

大约在 1980 年的时候，有一本《成功前的着装》成为畅销书，据说，女性总裁们基本的标准着装，配备的行头，就是定制套装、真丝衬衣、珍珠项链和耳环。虽然现在比较自由了，但是，也需要穿戴和职业身份匹配的服装。平常不用花费那么多的时间，稍施薄妆就好。而在宴会场合，需要华丽变身。

最后，被人们吐槽比较多的是在电车中化妆的行为，有品格的女性一定不要这样做。赴约之前，至少要留出能够在化妆间补妆的时间。无论怎样，涂抹口红这样的事情，还是要悄悄地做。

CHAPTER 4

# 有品格的生活

*非常时尚漂亮的人出现在店里，*
*那个店也会变得非常有魅力。*

——

## 做一名好顾客

“观众就是上帝”，这句话被职业艺人、歌手三波春夫常常提及，社会上也有“消费者就是大王”这样的说法。因此，有人认为客户就是出资掏钱的，所以，无论客户说什么或者要求什么都是合理的。正如顾客满意理论中说的那样，对顾客提供十二分满意的服务，才算是专业的。虽然，这是提供服务方的诚意，但作为接受服务的另一方，如果认为这种想法是理所应当的话，那就不太合适了。作为顾客，也要努力成为被喜欢的顾客，这样去行事，才会真的受到欢迎，也会提高顾客自身的品格。谈一点题外话，日本人之所以越来越没有品格了，可能是“只要我付钱，那么我什么都可以做”这样的想法在社会上普及而造成的吧。无论你多么富有，在巴黎的名牌店里，也不要有被人看不起的举止行为。在过去，大家认为付款行为也是对销售方表达敬意的一种方式。

比如，去餐厅的话，就要预约，遵守预约的时间和人数。如果有变化，就要提前联系。如果那里的场合有穿戴要求，如戴领带、穿正装、不允许泳装等，顾客就要遵守。这都是为了维护店的水准而必须做的，也是为了不破坏其他客人的心情而采取的必要措施，我们应该遵循规定。非常时尚漂亮的人出现在店里，那个店也会变得非常有魅力，那么就让自己也成为其中的一员吧。还有，顾客应遵守在指定的地方吸烟，向店里表达“真的很好吃”“太谢谢你们”一类的感谢用语。如果不好吃，就要具体地告诉店里原因，是盐放多了，还是太凉了。不要破坏氛围，不要大声嚷嚷，这也是非常重要的。对店里来说，最开心的就是你能带上自己的熟人或者朋友等新的客人再次到来。

在百货商场或者专卖店购物的时候，店里的人上前来询问你想看些什么的时候，就可以用“我先随便看看呢”或者“我看看有没有合适的吧”来回答店员。试穿也是可以的，但不要一次试穿得太多，控制在三件以内为好。如果不喜欢，就没有必要购买，清楚地拒绝。拒绝的时候，没有必要客气。但是，如果是和朋友一起来的，“这里不好”“另外那个品牌要更好呢”等这些不利于店里的否定话语就不要说了。如果不喜欢，可以不用来的。

大减价的时候，面对堆积如山的商品，想看看有没有好的，于是从中挖掘寻找的行为，真的有些不雅，更谈不上是好的举止行为。还有，在不是减价的时候，面对叠放整齐的商品顺手翻来翻去的行为也不要有——不是自己的东西，接下来还要销售给别人，商品还是应该小心仔细地拿取。

另外，如果有不满，就告诉负责人。和没有权限的人抱怨解决不了问题。没有权限的人，在店里的地位比较弱，没有能力处理抱怨和不满。和那样的人诉说不满，是在欺负弱小群体。

诉说不满，一定要希望店铺变得更好，所以特意提出了建议。总之，作为顾客会被珍惜，会被宠爱，那么就不能放任自己去任性，要有自制能力，站在对方立场去体会和理解对方，这样的顾客才是好的顾客。

成为好的顾客，店铺也会更加欢迎你，还是要好好珍惜有这样常去光顾的店铺。

*在常常光顾的店，*

*对方也一定会非常重视自己。*

——

## 拥有自己心仪的店铺

最近，网络上也好，各类杂志也好，介绍各种新店的商品信息和五花八门的优惠券，让人目不暇接。于是我们不由自主地会被这些消息所诱惑，所驱使，想去猎奇，发现一些新店铺。确实，店铺也需要不断地推陈出新。追寻新店的想法没有错，但是不要总在新店铺里成为“一面之交”的客人，还是要寻找到自己会喜欢的而且也会经常去光顾的店铺。

比如，我们去过的餐厅感觉很中意，那么带上这家餐厅的名片和介绍资料，下次预约的时候，就可以说“上次去了你家觉得非常好，所以这次又想来啦”这样的话，这样对方也会很高兴。百货商场也是一样的，选一个中意的商场成为它的会员，办一张那里的会员卡，那么也就会有很多划算的优惠，积攒积分也会有很多好处，不过要注意的是千万不能以这个为目的而成为好几个百货商场的会员。成为会员后，进行会员积分兑换，或者购买生日庆典用品，都可以征询百货公司的专业人员，这样决定购买的时候就很方便了。还有，如果平时没有时间在百货商场转悠，那么想购买商品的时候，该去哪家专柜，那里会有什么，这些问题都可以咨询了，这样的话自己大概有了目标，购物就非常轻松了。尤其对于双职工家庭，平时上班几乎没有时间逛商场的人来说，有经常去的购物商场，会很节约购物时间。如果商店还为老顾客提供送货服务的话，就会更方便了。

生活中还要有自己经常去的牙科医院或者综合医院，毋庸置疑这也是非常重要的。如果有对于自己过去的治疗史、既往病症、体质等都清楚知道的医生，是令人非常安心的事。

有常去的美容理发店也很有必要。确定一个自己经常去的店，有对自己的发质和喜好都非常熟悉的美容师的话，就能够非常放心地交由他来打理了。从我自己的经验来讲，比起有二三十个美容师的大店铺，不如找那种最多几个人的，老板的视线随时都能关注到的小店。如果和老板投缘的话，那么就会心情很好地度过在美容院的时间。不过，本来中意的店铺手艺水平渐渐下降，或者觉得不怎么重视自己了，那么就去别的店里看看，开始寻找自己喜欢的新店也是可以的。

另外，找一家汇聚了很多满足自己体形和爱好的进口商品的店铺也非常不错。虽然不能像有钱人那样去委托自己的设计师或私人服装搭配专家，但是，如果我们有经常光顾的店铺，那里有了解自己爱好的店员，也会得到适当的建议。去购物的时候，如果熟悉的老板或者店员在，我们也能够做到有品格地搭配和有品格地购物了。总之，比起高价商品的购物体验，这可能也不算什么非常奢侈或者了不起的事，但是在常常光顾的店里，彼此都是熟悉的面孔，对方也一定会非常重视自己，这也就是我们为什么说平时要拥有把自己当重要客人的常去的店铺。

那些专门的日本和式点心屋、蛋糕店、鱼店和蔬菜店等，都逐渐从我们身边消失。这些店铺与超市或者折扣店相比，商品价钱可能稍微高了一些，但是类似这样一直很努力在经营的个人店铺，我们应该要尽量关照他们。如果经常会用那些知名的全国连锁和式点心屋的点心作为伴手礼的话，那么偶尔也用一下自己家附近店铺的吧。不要仅仅买那些包装好的商品，在鱼店以及蔬菜店，还可以顺便请教一下烹饪方法，或者一边购物一边感受时令变化，这样也会让我们的购物收获变得丰富起来。

有人在购物的时候，觉得不说自己的真实姓名会比较随意，但那样其实会有失礼节。当自己是谁被知道后，也可以让自己成为那里的一位好顾客。在好的店铺里，好的顾客在那里进进出出地购物，而顾客的品格，也在其中自然而然地被显示出来。

*通过购物，*

*可以表达自己的价值观和思想。*

——

## 不单凭借价格购物

珍惜东西，过简单生活，就要减少购物的量。

“因为品质很好，所以这个价格买了真的很划算啊”，在过季减价的时候，可以买到很多当季正价一半以下的商品。和正价相比，确实降价了很多，因此会觉得很划算，本来并不是特别中意，也会妥协购买。通常，买到的东西，如果是真的特别喜欢，那么确实是很划算。其实，价格划算的商品或者服装，如果并不是特别如意，很容易不使用或者不穿的。本来以为明智地做了一个选择，其结果却变成了浪费。可以依据价格而购买的，只有品质很好的消耗品了。如果不是，要严格检查和确认是不是真的喜欢或者有必要，是不是经过深思熟虑后才决定购买的。

那么，是否价格高就一定会是好东西呢？前面也说过了，流行的东西，即使贵也不一定质量就好。日本女性作为路易威登这样的高价奢侈品的重要消费者非常有名，用这个品牌的人实在太多了，就好像是对自己的品格气质没有自信，所以要依赖这些奢侈品来提高自己。真正懂得时尚的人和有品格的人其实并不一定会拥有这些。对自己的生活来说，没有必要的东西，无论质量多好，价格多便宜，即使拥有了也是一种麻烦。我在十多年前去中国西安旅游，“现在能做这个工艺的工匠也真是不太多了，非常难得，天皇陛下夫妇来的时候也买了”，在这样的介绍下，我买了一个做工精细的漆器屏风。确实，到今天也是非常漂亮，但是放在我家里确实太大了，有些太过奢侈华丽了，真的有点儿浪费，实在是可惜。无论多么好的东西，都没有必要立即购买。再三考虑后，如果真的失去了机会，也就是那个东西和自己无缘，那么就放弃好了。

通常比较危险的是出去旅游的时候，人们会认为，既然好不容易来了，留个纪念买点儿啥，于是就特别容易买一些没用的，日常生活中也不会用上的东西。到了发展中国家，因为日元汇率很划算，什么都可以很便宜地买来，就会忍不住买很多回来。如果是很享受这样的购物行为本身的话，那么就干脆作为礼物送给会很开心接受的人吧。还有，买的东西并不是便宜就好，去购买价格合理的优质商品，能帮助当地商品经济的发展，因此，进行有意义的消费，也是一件很开心的事情。

不仅发展中国家的商品，日本制作的商品也是一样，我们要习惯购买注重环境保护的企业的产品，或者选择使用重视雇用女性或者致力于培养下一代的企业的服务，这样通过购物也可以表达自己的价值观和思想。虽然价格稍微贵一点，但是对这些企业持有支持态度的消费者增多的话，其他企业也会被改变的。反之，那些不良企业的产品或者服务，大家都不购买的话，也可以让那些企业自行退出市场。我们常说购物就是来自消费者的投票行为，这个投票不仅是针对店铺，也是针对企业，所以企业就要做一个能被顾客珍惜的企业。“为了能便宜一点，哪怕做一点手脚，只要能卖就行啊”，像这样的企业，就要靠聪明的消费者赶出消费市场了。

我们还是要学会做一名有品格的不仅凭价格决定购物的消费者。

*保持自己的风格，*

*分清楚到底是使用还是拥有。*

——

## 浪费与吝啬其实只有一步之遥

许多人虽然拥有别墅，然而每个月能使用两次以上的人其实并不太多。因为工作关系，其实经常无暇使用。还有，对于不喜欢清扫或者整理家务的人来说，每次去了别墅，总是在清扫的时候唉声叹气。这样的人，其实很适合会员制的别墅。在家里，衣服也好，饰品也好，如果使用的话，就有价值，如果不使用，就失去了价值。如何使用金钱，其实也体现那个人的品格。假如有50万日元（约为27000元）的话，有人储蓄存钱，有人用来投资。我认为，比起用来购买奢侈品包包或者衣服，不如去海外旅游。因为海外旅游的经验，可以使自己变得丰富起来。也有不惜血本用在美容和温泉上的人，也有人拿来用作读研究生的学费。

对于经历过泡沫经济时代的人来说，是体会过泡沫时代的好光景和泡沫破灭后的凄惨过程的。在经济一蹶不振的时代成长起来的年轻人，对于物质和金钱的价值观不一样。但是，无论是经历过什么的人，不用的钱或者资产，比起仅仅持有，不如让自己变得丰富，或者让他人感受到使用金钱带来的幸福，这样钱才是真正被活用了。如果拥有别墅，那么就约上朋友，让朋友们也享受，这才是拥有的价值所在。

拥有车也是一样的。在日本，一些地方公共交通很少，没有车就没有办法生活。那里也需要义务帮助，用车接送老人和残障者。但是，像东京和大阪这样的繁华城市，乘坐公共交通可以便利地去任何地方。如果没有车，家人要一起出去旅游度假可以选择租借车。如果拥有车，那么，车单单是作为自己身份地位的象征吗？是要乘坐高级车呢，还是考虑到环境问题，乘坐混合动力的车呢？哪一种会更酷呢？其实，一个人的品格不在于你拥有什么贵重的东西，而在于你拥有什么样的生活方式。无论你拥有多少值钱的东西，如果你仅仅是为了自己，仅仅是想炫耀展示财富，那么，你其实完全没有利用好你手中拥有的好东西的价值。

当人们靠外表来判断一个人的时候，人们看的不只是容颜和身材，还有态度和待人接物的方式。也看重服装或者配饰，然而这些都不必是贵重的东西。质量不错，而且适合自己的就很好。

更不用说，场合不对时，戴着很昂贵的东西会被人认为是暴发户或者品格太俗。太便宜的东西，看起来又会太廉价了。还有，那些闪亮闪亮的奢侈品，场合不对时也会让人看起来很没有品格。过于便宜的东西或过于刺眼的奢侈品都会降低品格。

所以，不要被金钱和物质所左右，保持自己的风格，分清楚到底是使用还是拥有的问题，最后决定取舍，这个是一定要分清的问题。

*并不是只有把钱用在股票、信托或者不动产之类，*

*才算投资。*

## 抛弃斤斤计较，拥有投资思维

女性对待钱时非常细致。AA 制的时候连 1 日元也会分配得清清楚楚，令男士感到佩服。因为，长久以来女性收入相较男性普遍较少，尽量“控制支出”的习惯已经养成。她们也没有遇到对未来有价值的投资机会，更没有感到非常有必要，而且这样的女性还是比较多的。而男性一般来说，如果是只有固定收入，收入也比较少，也会对支出非常小心。当然，也有男女个性差别的原因吧。

我们生活在如今的社会中，珍惜金钱不要浪费，是一种非常重要的教养。如果支出持续高出自己收入的话，就会陷入消费者金融借贷里去，也就有背负债务的危险。如果不重视金钱和财产的合理分配，也就无法度过有品格的人生。

不过，这里也并不是说只能存钱或者节制不能用钱，而是要如何有效地使用和投资。前面也说过，购买商品或者服务，并不是只要用钱就可以。不过，如果经常逃票乘车，这样的行为就成犯罪了，不但不可原谅，是否“有效地使用金钱”也不用讨论了。想象一下，通过这种行为即使获得了利益，需要花费的精力也是不值得的。这种行为和逃税或者不支付社会保险，是如出一辙的。我们把该付的钱支付了，内心踏实也就没有负担了。与其去动歪脑筋琢磨如何不付钱，不如将时间用在更有生产性的事情上，那才是有智慧。

投资上，并不是只有把钱用在股票、信托，或者不动产之类才算投资。把孩子用心培养成一个对社会有用的人，这也是投资。为了能让自己的人生丰富起来，那么，拥有很多熟人和朋友也是很大的一笔财富。给自己今后会长久交往的人，或者关照过自己的朋友表达感谢，请年轻人或者经济条件不很宽裕的人一起吃饭，这也是对将来人际关系的投资。

实际上最重要的投资，是对自己的投资。工作着的人，一定要把自己收入的 10% 用于提升自己。学习要花钱，花了钱学习更可能学到知识和真正地吸收。参加免费的讲座，如果意志不坚定，是不可能长期坚持的。很多大学或者研究生院，都非常欢迎职场人入学。对学费会抠门小气的人也有，能在正式的大学或者研究院学习是可以获益一生的投资。而像茶道、花道、音乐等修养或者艺术类的，真正要学习的话，除了学费，还有展示活动，以及必要的道具等都需要花钱，这些都是能让自己的人生内涵丰富起来的投资。

还有，为了健康应该要加入健身中心，这也是很重要的事情。一年一次的健康体检，要让自己作为一项义务去履行，平时也要有自己常用的健康保健品，实施自己的健康保健法，这些都是很好的生活习惯。不过，过度追求健康也会让人感到勉强，但我们还是应该有意识地留出时间和空间来维持身心健康，并有效地使用自己的时间和金钱。

有一定的钱财是很有必要的，但实在没有必要拥有太多。善于投资理财，和家人以及朋友一起拥有健康，自己能够有为社会做出贡献的能力和思考判断的能力，就算不是大富翁，也会很幸福，可以拥有有品格的人生。

*真正体会和理解食材本身味道的生活，*

*才是好的生活。*

——

## 学会并擅长一样料理

一定不要误会有品格的女性就是不做家务，不打扫卫生，只会过奢侈生活的女性。有钱人太太也好，富家出生的白富美小姐也好，这些都和有品格的女性不是一回事。有品格和有钱没有关系。有一点很重要，那就是自己是否有过上有品格的生活的能力。作家幸田文是一位非常知性干练的女性，她的父亲幸田露伴曾经对幸田文在操持家务的教育上如此要求过："即使嫁入一贫如洗的家也不应该被难倒。"

当然，现在和以前的女性必须学会掌握的家务是完全不一样的。缝缝补补的事情不需要做了，洗衣服也由洗衣机完成了。最后剩下的家务就是烹饪料理和清扫整理了吧。吃的东西，如今在超市或者便利店，有很多半成品的菜肴，很容易就可以上手。东京因作为可以吃到全世界料理的城市而出名。过去，一日三餐，家人也好，自己也好，不做饭就没有饭吃，可是现在大不相同了，这是一个甚至没有菜刀也可以做饭的时代了。

但是，当和家人想简单地吃个晚餐，或者想和朋友在家里放松一下，不用花费多少时间和功夫，就用现有的食材很快就做出美味料理的女性，还是觉得很棒啊。还有，售卖的成品因为要保存，一般容易口味偏重。如果想尽量味道淡些，能够尝到食材本身味道的话，那么，自己做的还是最好吃。如果自己买来做的话，基本只有食材费用，即使买很高级的食材，也不会觉得价格有那么贵了。很高级的食材，其实不用花费多少功夫，就可以做出很好的味道——这也是一件很开心的事啊。

还有类似酱油、味噌、香油、鲣鱼素等调味料，平日里也都常把品质好的备起来。朋友送的番茄、大葱、日本山芋一类，就可以生着食用，或者仅仅蒸一下，再或者用开水焯一下，食材本身的味道也会瞬间就散发出来。像这样真正体会和理解食材本身味道的生活，才是好的生活。仅仅是快餐店的汉堡、便利店的芝士烤蔬菜、百货商场下面的家常菜，是没有办法满足味蕾对食材的香味和好坏的需求的。

相对于批量生产的食品，在家庭里，来自朋友们和孩子们的呼声比较高的是汤。蒜和洋葱好好炒一下，加上配的蔬菜，切碎煮一煮做成的汤，对身体非常好，是个百宝物呢。再比如炖牛肉和俄罗斯红菜汤那样的料理，会让身心觉得非常温暖。自己手工制作果子酱、腌菜，或者果酒也是非常好的。这些制作因为储存空间的问题，不是所有人都可以做到，但是如果条件允许，不妨尝试着做一下。

怀石料理、法国料理等，不是哪天想去就能随便去的。想请朋友吃饭的时候，有一样自己擅长的招牌料理，是一件很令人欣喜赞叹的事。中年男性做的手擀面非常流行，花些功夫做料理，大家一起吃的话，真可是其乐融融啊。

日本新年的正月料理、三月女儿节的樱花饼、五月端午节的粽子或者柏饼、中秋赏月的团子或者毛豆、日本料理里的煮萝卜，还有红豆糯米团子汤，这些如果都自己做的话，确实是有些难度。不过，当我们在料理里面加上一两个自己手工制作的，比如加上桃花、菖蒲，秋天的芒草或者菊花，季节变化就马上可以通过食品来感受到了。这都是有品格的生活。

*知道花草树木的名字，*
*是珍惜大自然的第一步。*

——

# 谙熟各类花名

日本是一个拥有得天独厚的自然环境的国家。很早以前，日本人就非常热爱花草树木。

仅以樱花为例，不单有吉野樱，还有大岛樱、彼岸樱、山樱、泷樱、姜黄樱等很多种类。鼠曲草、繁缕、宝盖草、水芹、荠菜、蔓菁、莱菔这些是春天的七草；而类似萩（胡枝子）、女郎花（女萝花）、桔梗、芒草、藤袴（兰草）、葛花（粉葛花）、抚子花（石竹）是秋天的七草，根据季节不同，生长的花草也可以感受到季节的迁移变化。橡树、榉树和柞树，这些落叶类树木，都是通过新叶或者红叶来敏感地告知我们季节的变化。犬蓼花、扭花等这些大自然的草木，从都市消失了，于是要通过公园里面人工种植的树木花草来得知季节了。

让我感到比较遗憾的是，很多日本人迄今还不知道在《万叶集》《古今和歌集》里被歌颂到的，或者在《枕草子》《源氏物语》里被描述到的花草树木的名字。爱好花道和茶道的人，应该学习珍惜季节，现实中，大多数人还只是在学习眼前的操作顺序和技巧方法。也许是我个人的爱好吧，日常生活中，通晓自然界各个季节的花草树木名字的女性，会特别典雅而有魅力。年轻人很看不起不知道当红演艺人或者流行歌手名字的成年人，但是仔细思量一下，那些流行的艺人或者歌手，很多是两三年里被大家记住，然后又被忘记，随后就消失了。与此相比，花草树木却是历时几千年生长于这片土地，并且装点着这片国土。

了解这些花草树木的名字，是和热爱大自然的态度有关的。知道花草树木名字的人，也可以说会仔细地观察自然。曾经热爱植物的昭和天皇认为没有无名草，所有的草都会有自己的名字。所以，知道名字是珍惜大自然的重要的第一步。

一些颜色的名字来自植物或者动物，如露草色、浅葱色、朱鹮色、桧皮色、利休鼠色等。

同样，对于我们平时吃的食物，快餐店或者便利店推出的便利包装食物越来越多了。然而，我们有时候可以不吃这些半熟的食物，而是从食材开始准备，单纯地换一下胃口，品尝青菜或者其他蔬菜，感受一下季节的味道。在外国人的口碑里，因为对身体好，所以日本料理非常盛行。但是，作为本家的我们，却渐渐地不吃日本料理了，这可真是令人有些遗憾的事情。味噌也好，酱油也好，还有和豆腐一起做的白芝麻豆腐拌菜、凉拌鱼肉、芥末酱油等这些家常拌菜也好，在家里也渐渐不做了。珍惜自己生活的独特性，在这个国际化进程发展很快的当今，变得越来越重要。

正月的节日、女儿节、端午节、七夕、盆盂节、中秋节等节日活动，一直以来和孩童时代的很多回忆相关联、重合，会告知我们季节时令的概念。我一个朋友，住在一个不大的公寓里，但是在墙壁一个凹进去的小小空间里，她设计了一个壁龛，装饰着小巧的饰物。节分的鬼脸和豆子、窝里雏，七夕的竹叶，赏月的团子和红叶……从这些精致的饰物上，能感受到那位女性对生活仔细研究的态度和她追求的生活品格。

*拥有一项这样的爱好，*

*不但会让人感到你很有人情味儿，*

*也一定会让人感受到你的人格魅力。*

——

## 培养阅读经典的兴趣

当我回想自己的感性和价值观是如何形成的这个问题的时候，我认为这和我儿时的阅读有很大的关系。安徒生的童话，日本的民间传说，德国作家保尔·托马斯·曼和赫尔曼·黑塞，法国作家罗曼·罗兰，俄国作家列夫·托尔斯泰、陀思妥耶夫斯基等，我的脑海里浮现出这些曾经如饥似渴阅读过的作品或作家。三十年代的人都会知道宫崎骏的《风之谷》、安达充的《棒球英豪》这样的动漫或者漫画名作，这些也是令大家十分怀念的“大爱的书籍”吧。

有时候一部电视剧、一部电影的故事或者一个片段，也会很深刻地留在人的脑海里。有人喜欢读《圣经》《论语》这样的古典书籍，或者《古今和歌集》《万叶集》这样的诗歌集，也有人喜欢读德国诗人海涅或者法国诗人兰波的诗歌，而我喜欢读的诗歌正是被日本著名的文学家正岗子规批判过，并被判定为属于陈腐类的歌集《古今和歌集》。

像这样给自己留下深刻印象的书籍或者影音都珍藏起来吧。所说的最畅销书也好，被热捧的秘诀书籍也好，在一段时间被阅读，然后就很快被人们忘却了，那些连名字都记不住的阅读，是不太可能丰富你的人生的。很多书都随着时间的流逝而被遗忘，最后消失得无影无踪。工作的时候，需要读很多书籍的话，实际上没有多余的时间去读流行的话题书籍。针对这一点，经典书籍里有很多即使时代变化仍有价值的书籍。有时候，自己还想反复读的喜欢的书，想保存起来不舍得扔掉，不过问题是有没有保存的空间了。这时候，图书馆可是个好地方。名作即使过了很多年再读，由于自己的经历不同，以前读的时候没有认识理解到的地方，会以不一样的方式被自己悟到了。

阅读过的书籍中，可以经常回忆留给自己印象最深刻的地方。实际上，短歌或者诗歌的语调都非常美。还有，阅读的时候纯粹只用眼睛看，可能记不住，如果重复几次出声阅读，会意外地发现能记住了。平安时代，上流社会中关于女性的教养里，据说首要的是书法、乐器和背诵《古今和歌集》。如果放在当今这个时代，那么就应该是电脑、乐器和经典书籍吧。当今社会，虽然不需要记住《古今和歌集》的所有诗歌，但是如果了解一下这些诗歌，在看到花鸟风月的大自然的时候，眼光就会变得敏感起来，读俳句也有同样的效果。

校园歌曲和电影主题歌等，每个人在自己十几岁的时候，尤其是十七八岁唱的歌，在一生中都会很怀念。另外，除了这些，也有一些无论什么时候去听都觉得很优美的音乐。无论是莫扎特、贝多芬、舒伯特等名家的古典音乐也好，爵士的经典乐段也好，还是流行歌曲也好，能有自己喜欢的歌，真是一件特别幸福的事。

有自己喜欢的音乐，不是为了自豪炫耀，而是因为享受这门艺术，热爱音乐，给自己的人生增加一些爱好。爱好体育也是一样。或许您可能会认为没有什么实用性，工作上也没有直接起到什么帮助，然而拥有一项这样的爱好，一定会为你增加附加值，不但会让人感到你很有人情味儿，也一定会让人感受到你的人格魅力。想象一下，一旦投入到自己非常向往的兴趣爱好里，就竟然变得像少年一样两眼炯炯有神，这是多么美好的人啊。我也经常对与自己的收入或工作没有任何关联的事情持有浓厚的兴趣，连自己都觉得不可思议，那个时候我就会想，其实这才是真正的自己吧。

*完成使命后就应该处理的东西，*
*和带着感情会珍惜的东西，*
*把它们区分开来非常重要。*

——

## 珍惜饱含回忆的物品

《舍弃！技巧》这本书成为畅销书后，各类杂志上也就轮番刊登了特集《清爽收纳》《整理术的秘诀》。然而，无论怎样反复阅读这样的书或者特集，能做好整理的人好像不太多吧。其实我也是一样的。在一个物质丰富的社会里，无论哪个家庭都会是各式各样的东西很多，之所以叹息住房太窄，也可能是因为东西太多堆放不下吧。

在这样的情况下，就算想珍惜物品，珍惜留有回忆的东西，也会说“没有空间，所以不可能啊”。确实，为了生活得清爽简洁一些，只能是少拥有东西。很多日本人在半个世纪里突然富足起来，不知道如何与物品打交道，结果就被物品操控了。

在欧洲，不是暴发户式有钱的中产收入水平的家庭里，东西没有那么多，但古老的东西都被珍惜。欧美国家的人们对穿的和吃的不怎么花费，但对家和家具却肯下决心花钱。在日本，被称为“老式家庭”的住宅里，既有出色的家具和古董，也有用于收纳的仓储空间，可以过着清爽整洁的生活。

在欧美，大家都尊重旧的东西，而日本则喜欢新的。在传统日本人的生活里，就有到手新东西的时候就会举办放弃旧东西的仪式。人们会在正月十五举行的火焰节（日本叫“左义长”）焚烧新年时用过的装饰物，还有护身符或者洋娃娃都在岁末的时候放在神社寺庙里焚烧，或者放在新年神社的火里焚烧，盂兰盆节的装饰物用放河灯的形式来处理。像这样完成了其应该有的使命后就应该处理的东西，和带着感情会珍惜的东西，把它们区分开来是非常重要的。对那些完成了使命，应该消失的消耗品，不要抱着不放手，要让它再生循环起来。处理废弃物品也是保护地球环境很重要的课题，所以，渐渐地也开始了家电产品、空罐空瓶和废纸回收等。那么，我们就合理利用义卖会，自治团体的回收等各种机会，放弃、清理一些东西。

在处理这些东西的再生利用的过程中，也有必要渐渐购买一些长期都想留在身边的，至少想使用三十年之久的，比如家具或者其他器具。衣服虽然是消耗品，但是日本的和服如果被好好珍惜的话，可以穿三代人呢。我母亲订婚时候穿过的和服以及腰封带子，我们姐妹几个以及我女儿在结婚时候都作为换装用的衣饰使用过呢。流行时装的饰品到了一定的时候该放手还是得放手，但是比较稀少的真正的珠宝，就可以作为礼物送给下一代。

我母亲非常珍惜父亲的遗物，因为她觉得他们的爱情在保佑着自己，也能感受到生命的延续。像这样一个或者两个带着满满回忆的东西，还是很想一直留在身边的。“不回首追忆过去，只要现在过得好，这样不是很好吗”，这样的态度其实不太会让人感受到有什么品格。我们现在的生活是存在于过去和未来之间的时空，因此，我们不仅拥有现在，还处于对于过去到将来都会认真思考的生活里，品格不也因此产生了吗？

*根据自己的标准来决定取舍，*

*自己身边也会变得很清爽。*

——

## 不索要免费物品

我们经常在走过车站或者闹市的时候，金融机构或者社交俱乐部的餐巾纸包，就会有好几个被递到自己手上，还有发放洗发水或者化妆品小样品包的。发放的人是打工的，不得不早点儿发完。有人会认为，还是帮他接过来比较好吧，自己公司也会有这样的时候，于是就赶紧拿过来了。但是，像这样的免费的便携餐巾纸存很多的话，真的不好看呢，尤其是像那些社交俱乐部或者金融机构作为宣传的东西，还是注意尽量不要拿为好，另外，自己没有打算使用的商家的洗发水或者化妆品，或者并没有打算吃的食品的试吃品，都不要伸手去拿为好。无论什么东西，只要能白拿就伸手去拿的话，真的不高尚，也会没有品格。根据自己的标准来决定取舍后，自己身边也会变得很清爽。

不仅街头，还有出席各种样品市场、展示会等场合的时候，赞助商会给一些礼物（也被称为试用品）。当然也会有非常可爱到舍不得扔掉的时候，如果不是那样的东西，从一开始就不要接手，这样家里不会乱七八糟，东西也不会被浪费。不要什么都伸手接过来，要有说“No！”的勇气。

在百货商场的食品柜台，会提供很多试吃的食品。因为想购买，为了慎重起见想试吃一下是没有问题的，而各种吃的都顺手抓一点，想以此替代午餐，这个就不可以啦。被认识的人看到了，那就实在太丢人了。还是不要有这样令人丢脸的事情吧。

关于吃的问题，必须要注意的是在“放题（畅吃）”的自助餐，或者畅饮餐厅。把吃不了的食物盛满自己的盘子，然后大口大口地吃的行为，会不太雅观。在自助餐宴会等场合，一般都是吃得差不多就可以了，主要在于用心和各种人交流。拿着盘子，挎着手提包，尤其手上端着杯子，还要和人在宴会上讲话的人，如果不是特别擅长应酬的话，看起来实在不怎么优雅。在自助餐厅的聚会中，不是为了用餐，而是为了遇到各种人，并与他们交流，我们应该明确这样的目的，并以此决定自己的举止行为。

在畅饮的居酒屋或者餐厅，如果你会认为“此时终于可以畅饮了”然后大口大口地喝，或者不停地斟酒，这些行为都不是很妥当。有着“不喝多亏啊！”的想法的人，就更是没有品格了。最后喝多了吃多了又开始后悔的也是自己。过量的饮食，不仅对身体不好，也失去了品格。不过，虽然价格较高，但无论一杯还是两杯，都是自己在付费喝的话，这也还算是有品格的行为。

CHAPTER 5

# 有品格的人际关系

*真正有品格的人会坦荡而淡定，*
*会真心地祝福对方的成功和幸运。*

——

## 不趋炎附势

人在顺利的时候，周围的人自然愿意靠近你。比如一个人事业发展顺利，公司业绩好，或者是普通的工薪阶层得到了升迁，到了一个不错的岗位，即使那个人本身的内涵和价值并没有什么变化，认识的人也会突然增加。

带着“我是你以前的同级生（同事）某某”“我和你是老乡某某”“我是你表弟某某的朋友”等五花八门的理由，各种各样的人都会靠近过来。他们说的是真的吗？说实话，可能当事人一时没搞清楚是怎么回事，但无论怎样，还是要先认真地对待人家。那种时候，通常是脸也好，名字也好，都不太记得住。可能好多人都是怀着善意的，当然，其中也有人是为了得到工作上的便利，抱着想借光的心思而靠近你。然而，通常来说第一次见面时，人一般都是抱着戒备心的，那个人如果非常受追捧，越是有名，戒备心越重。这种时候想去靠近这样的人，不但显得你没有品格，你想达到目的的可能性也不高。我们好好想一想，其实这是情理之中的，人家当下是被众人追捧的人，你现在去讨好他，实际上得不到什么回报。

就在我们平时的生活中，周围也经常会有这样的事情。谁升职了，或者到了一个有权力的位置。那样的人，在一个组织里就会特别受到大家的瞩目，他的意见会受到大多数人的尊重，更会被大家重视。周围的人都捧他，这种时候对这样的人，你表达一点好感，于对方来说，不会有什么印象，你也不会被感谢。与其对这样的人下功夫去讨好他，不如保持一点距离，有礼有节，而且不要去生硬地交往，这才是有品格的人应该采取的做法。

当然，我们也不能片面且错误地对这样成功的人保持反感或者嫉妒。拼命想靠近被热捧的人，这样的人很多，不乏也有人会嫉妒。一般来说，人们习惯于对离自己远的成功人士怀有“哇哦，好了不起！”的想法，而对自己身边的成功人士，内心则会不服气——这也是人之常情。而往往也是这样的人，他会看起来很硬气地表示自己不爱和这些被大家追捧的人靠近，会批判对方的短处或者干脆无视对方。这样的现象我称为反面的功利心，不是什么正向的。真正有品格的人会坦荡而淡定，会真心地祝福对方的成功和幸运。

还有，有些人把自己和名人拍的二人合照挂在房间，动辄就自豪地给别人看，这样的行为实际上并不太有品格。在很多宴会等社交场合，会有很多人聚集在一起等着与名人合影，这样的行为适可而止才妥当。我们平时看到的在电视上经常露脸，在报纸或者杂志上经常出现的名人周围，就会有很多以自己和名人认识为傲的人。这样的人在参加聚会的时候，即使是座位已经安排好了，也会想上前与名人拍照，或者想求签名。

还真的有以认识名人为追求的追风心理，然而，当他把内心的思想用行动表示出来，其实就等同于在宣传自己是没有品格的人。

*顾及和维护处于弱势的人，*
*是做有品格的人的基本行动准则。*

## 对任何人都应该以礼相待

昭和女子大学的正门口有一位门卫，每天早上我来学校的时候，他对学生也好，教师也好，都会亲切地打招呼说“早上好！”。然而能回复“早上好！”的学生有几位呢？按道理应该是所有的学生都会回复他的问候。

人的品格在这种时候就一目了然了。大部分的女性基本上对上司或者前辈都会礼数到位地接待应对，然而，我最近发现这一点也做不到的人好像也增多了。

而且，我还发现一个现象，对门卫、前台、店铺收银员、清洁工、电话接线员等假装视而不见，不打招呼的女性也有很多。她们好像认为这些人和自己没什么直接的利害关系，这些人如何看待自己，可能都无所谓吧。由于和他们打招呼的人不多，如果有那么一个人的话，大家都会对那个人留下深刻的印象，对她会很有好感。就算不会有什么直接影响，但是对那位女性的评价一定会不一样。其实众所周知，一个人的品格也就是在这种时候表现出来的。

对和自己没有利害关系的人持有什么态度，对比自己弱的人是什么样的态度，这也能表现出你的本性。可能现在已经不太多见了，实际上日本在实施平等法之前，在职场上，男女被区别对待是理所应当的事情。女性不被重视的时候，会有男性让女性部下做些私事，如去买烟、照顾自己的用餐。也有完全不顾及女性的感受，张贴性感挂历的男性。搁在今天，这样的做法被称为色情骚扰，是被禁止的，这样做的人甚至会被惩戒。顾及和维护处于弱势的人，是做有品格的人的基本行动准则。

我认识一位口碑很好的外务省的人，他对在大使馆或者领事馆工作的当地雇员都非常有礼貌，安排和指示工作的时候也很周到，非常有人气。那以后，他不断地升迁到重要岗位，大家都觉得理所应当。而平日里，总是片面地顾及上面的人很多，但是经常会考虑下面人感受的人却是凤毛麟角。

通常，在职场上对上司特别在意用心的人有很多，但是会对部下非常简单粗暴，经常无所顾忌地说一些无礼的话。或者对于被认为没有能力的人，采取鄙视或者侮辱行为的成年人也大有人在，这是品性低劣的做法。

公务员与有工作来往的业界同人一起吃喝，或者收受赠送礼物，是违背公务员规定的，是被禁止的行为。但是在普通的民营企业又怎么样呢？如果利用职务之便，故意让比自己弱势的人来为自己服务，这样的行为，虽然是一件会被人不齿的事情，但是仍然会有这样的人。有些女性，在一流大企业工作，面对其他中小企业的员工，或者是承接自己公司业务的公司员工，就会认为自己高高在上。那么，大家自己有没有看不起公司的派遣员工呢？人都是习惯于朝上看，所以一定要意识到这个问题——处于下面位置的人，也会很严格地评判上司的行为。

*比只在一个集体里进行社交活动，*
*积极参加各种活动，*
*视野会更开阔，自由性也会增加。*

## 不拉帮结派

高中女生或者女大学生，关系好了就容易结成小团伙。一起吃饭，一起聊天，一起去购物……诚然，同伴是大家享受青春美好时光的必需品，年轻人最在意的也就是自己伙伴的眼光。比起学校老师，或者自己家长来讲，更尊重伙伴的意见（主要是针对自己的兴趣爱好），大家会不由自主地遵守同伴间立的规矩。有时候，为了不脱离团体，甚至会和伙伴一起欺负别人。在团伙里面，有自己的位置，就会觉得安心，如果没有了存在感，就会变得不安，而且会觉得自己可能什么事情都没有办法做了。

被自己的伙伴孤立从而产生恐惧心理在年轻女性当中特别明显。比如穿流行服装，也是为了得到伙伴的肯定。阅读书籍，或者阅读杂志，再或者看电视，都是为了与伙伴能有共同话题，甚至就连找工作、找男朋友这样的问题，也会非常在乎同伴们会怎么看。因此，有些人还会牺牲自己本来的想法，甚至荒废学习——这种事情并不稀奇。顺着这种思维模式，毕业后成了职场人或者生完孩子成了主妇，会和新的工作场所的女性同事，或家附近的妈妈们组成团体。总之聚集扎堆的时候比较多。

于是，在这样一种交际范围非常狭窄的人际关系中，就会出现各种各样的矛盾、冲突甚至是违法事件。就算不会发生这么极端的事情，也会有大家在一起相处的时候觉得压抑，气氛不和谐的现象。这种人际交往关系实在谈不上有什么品格。

有自己的朋友，这非常重要，但是我觉得拉帮结派就不是值得肯定的有品格的事情。可能有人会这样说，在成年人的世界里，在公司也好，政界也好，不也有帮派一说吗？说实话，这些所谓成人组成的帮派也不会给人什么好感。为什么这样说呢？首先是因为拉帮结派后，自己就没有判断能力了。正确的是什么，自己真的想做什么，面对这些，自己会变得无所适从。在一个团体中，团体成员的团结会被优先，为了维护团体共同的意识，个人的行动或者目的会受到限制。如果大家一起懈怠，那么你会觉得即使懈怠也没什么好可怕的，于是，个人的能力和想法就会被消灭。比如，自己独自一人时有礼貌的女性，到了团体后突然就变成了那个团体的一员，也会不顾及周围人的看法，旁若无人地大声说话，甚至有行为举止不雅的时候。在团体里，个人的素养会被淡化、埋没，即使是做一些不好的行为，也很容易不觉得有什么羞愧的了。

在美国也有这样的情况。初高中生，甚至会被称为处在“帮派年龄”的阶段，聚集在一起。但是到了大学以后，大家都有自己的奋斗目标了，于是各自忙于参加各种组织活动，学习也很忙，于是就不太聚在一起了。

我并没有说日本女性不要聚在一起，我认为不要总是和相似立场的人聚在一起，而应该加入不同的组织，参加各种活动。积极参加社会义工活动，加入各种兴趣爱好团体和学习会等。这样的话，比起只在一个集体里进行社交活动，视野会更开阔，自由性也会增加。这样就不用担心会被哪个团体孤立了。想要成为有品格女性的第一步，就要从自己坚决不参与拉帮结派开始，努力做到独自一人也能愉快地生活和工作下去。

*评价他人只考虑职场中此人成功与否，*

*那是非常浅薄无知的人才会做的事。*

——

## 对不得志者也要礼仪周到

现实生活中不知道为什么有这样一个潜规则，那就是“胜者为王，败者为寇”。比如，在选举中获胜当选的事务所里，前来祝贺的人可以说是摩肩接踵，络绎不绝。反之，落选或者失败一方的事务所里，则是冷冷清清。日本历史上文学家清少纳言的《枕草子》里对“官职任命仪式上，没有获取一官半职的人家里”也作了相似的场景描写。同样的道理，职场上有被称为实权派的，也就是权力大、人气高的人。通常到了这样位置的人，其周围也会有如前所述的很多溜须拍马的人。而处于边侧的人则会被轻视，冷淡相待，原本围着的人也会越来越少。

但是，这里可是要当心呀！或许好景不会太长，好梦也不会太久。当领导换了，或许坐冷板凳的会跳出来成为实权派，而得意扬扬的掌权派会被驱赶到没有阳光的角落，这也是常有的事。男士们对这样的权力风向好像特别敏感。有可能是男性对权力的执着度一直非常高吧，所以，那些擅长辨别和讨好每个阶段的权力者的人也有很多。

女性就不要去效仿了。胜负都是时运，即使这个人现在不走运，尤其是那些有能力而且有人格魅力的优秀的人，如果他认可自己，对自己好的话，我们就应该对其充满敬意，并且要非常认真地对待他们。评价他人时只考虑当下职场中此人成功与否，那是非常浅薄无知的人才会做的事。

非常遗憾的是，如今在日本，这样的人却在增加，社会整体也都在盛行功利主义，我想因此而经历着痛苦的人也一定有很多吧。有这样一种观点，喜欢计较功利得失的人，是现实的成年人，而还不会的则是不懂事的年轻人。不被功利所左右，有正义感和正确的伦理观，如果有这种境界和气魄，其本身的品格是显而易见的，这样的人也可以提高整个社会的品格。女性中也有非常有心计的人，不甘落后挤进权力中心，想趁机讨好掌权者，并不惜向其讨好卖乖，沉醉于权力欲望中，这会让人怀疑她的品格。

因对方职位不同，对其态度有翻天覆地变化的人有很多。对待那些不走运的人，如果你的态度温和一些，礼数周全一些，一定会给对方留下深刻的印象。

对于从重要职位上退下来的人，我们也一定要礼数周全。即使知道他已经不能帮到自己，也能够和气善良并且亲切友好地与之交往的话，你的品格一定会被高度评价。

很不可思议的是，坚守这样好像没有直接作用的礼节，其实会给你带来真正的人脉关系，也会带来在职场和社会的成功。

*当自己处在非常愤怒的情绪中时，*

*首先尝试去深呼吸的话，心情也会随之渐变。*

——

## 怒不形于色

自己喜欢的男生和自己讨厌的女生关系很好，自己的孩子考试失败，工作上输给了自己看不起、没能力、很卑鄙的人……这些不如意在生活中可能不胜枚举。其实，世界上有很多事情都不会按照我们的意愿发展，令人生气的事情也可能会一个接一个来到自己身边。

当我们看到对弱者使坏，欺负人家，或者性骚扰的时候，就会很生气地想“怎么这么卑鄙啊！”；看到小人得志，好人受欺负的时候，即使和自己无关，也会忍不住愤怒；被自己信任的人背叛，才终于体会到自己看人的眼光有问题；对于撒谎的人、不守信用的人和不承认错误的人，我们都会生气。

这时候，我们拍案而起，发泄一通的话，心情就会舒畅。有人认为，如果忍受，就会增加精神压力，发泄出来则有利于健康。我也是比较容易生气的人，生气时立刻会将愤怒在脸上表现出来。虽然我认为这算是自己的单纯和正直，但这并不是值得骄傲的事情。

其实过后想一想，让自己生气的事情，基本上有一大半过上一段时间后也就忘记了。有些甚至都想不起来为什么生气了。当然，也还有过段时间也不能忘记的愤怒，绝不能妥协的怒火，但这个真的不多。然而，会让人难堪的是，发火的人都忘记了为什么发火，被发火的人却牢牢地记住了。这样，不仅会失去那个人的好感，还会被大家评价为这个人很容易发火、生气。而发火、生气则不会带来什么好事情。

虽说我并不想批驳男女有别，但是，如果男性在那个时候发火了，大多数都比较容易被原谅（男性发火在这个世界上好像被大家习惯了，可能是一直处于强势的立场，所以容易被原谅吧），而女性如果发火了，却会被给予恶评，无论你坚守的是什么样的正确理论。

至少，我们在很生气或者非常委屈的时候，还是不要使用那种直接的表达方式吧。当我们生气了，我们可以先深呼吸，在心里数三下。我曾经也不认为这个方法有什么效果，后来却意外地发现确实有作用。当自己处在非常愤怒的情绪中的时候，首先尝试去深呼吸的话，自己就会朝着别的意识转向，心情也会好起来了。

另一种就是“啊！我现在生气了，不高兴了”，就像旁观者一样去观察自己。自己是不是客观呢？有没有给人很恐怖的表情呢？有没有放任自己，说了不该说的话呢？我们就像照镜子一样审视自己，那么自己的心情是不是就会变了呢？滥用感情地生气，真的谈不上有什么魅力。

诚然，在我们真的生气，理当严厉地说出来的时候，当然应该生气。但是，那些真的令人生气的事情，我们在处理的时候，与其感情用事，瞬间把情绪爆发出来，不如花上时间冷静地思考一下，想一想到底应该什么时候、在哪里、怎样表达才是最有效果的，也就是说我们要经过思考再发火。而这样的愤怒，实际上才是最有效果的。

*有好有坏，*
*这才是现实。*

——

## 半杯葡萄酒

人生中的很多事情，工作也好，家庭也好，我们都可以认为是“半杯葡萄酒”。

所谓半杯葡萄酒，也就是既不是空也不是满的状态。在工作场合，工资收入也好，同事也好，上司也好，部下也好，工作内容也好，百分之百满意基本是不会有的。如果有，也是那人运气太好了。有好有坏，这才是现实。

但是，如果我们历数不满的地方、不完善的地方，事情就会变好吗？如果能够改善的，那么指正出来并想办法改善是非常重要的事情。但是，如果是不能改善的，就需要顺其自然接受现实。如何区分这两种是一件困难的事情。“神啊，请赐予我改变可以改变的勇气和接受无法改变的宽容，请给予我区分哪一个是可以改变的，哪一个是无法改变的智慧吧！”想一想这好像是谁曾经说过的话吧。

以前，我在内阁总务厅青少年对策本部工作时，参与过世界青年意识的社会调查工作。美国青年对职场满意的比例还属于比较高的，然而跳槽率也非常高。与此相反，日本青年对职场的不满非常多，但是跳槽却非常少，对这个现象我感到非常不可思议。可能由于当时日本式的经营模式非常流行，在终身雇佣制和论资排辈的日本社会，跳槽是很不利的，即使不满，也不跳槽，那么你就只好忍受着吧。

美国的年轻人属于一旦有不满马上就跳槽，对他们而言结婚也是这样。在美国，离婚率很高，而婚姻中的人对婚姻的满意度都比较高。而在日本，即使对婚姻有很多不满也不会选择离婚的夫妻是很多的，这一点和大家轻易不会选择跳槽的现象很相似。那么，既然不跳槽的话，与其有那么多牢骚和不满，不如多发现职场的优点，愉快地工作，这对本人来说是一件积极快乐的事情，也给周围的人会带来愉快的氛围。

总是议论自己所在企业的各种不好，这和说自己的坏话是一样的。这一点一定要领悟到。而听你总在说公司坏话的人其实心里会想：“你有说这些的工夫，为何不跳槽呢？既然没有跳槽的勇气和魄力，那就别发那么多牢骚啊。”或许你本来是想得到对方夸赞自己能在那么差劲的公司忍受着，这太了不起了。这样想你就错了。即使你有很多不满，其实你也能发现一些好处的，比如“公司这一点还是不错的”“这部分工作其实很有意思”，你这样想的时候，也就会有工作的动力了，于是一切就会发生变化。当你精神十足，你的心情也会变得开朗起来，能和大家谈笑风生，大家也会被你的热情所感染。如果你总是闷闷不乐，很不耐烦地工作，周围也会被你这种情绪感染的。

比如，你可以一边复印一边观察，这个资料是要给谁呢？怎样做才能更迅速整洁呢？或者研究一下复印机有没有更加方便的功能。你只要有好奇心和上进心，工作也就会变得愉快起来。努力保持积极向上的正向的思维方式，讨厌的事情和令人心烦的事情就会变少或者远离你，你的眼前也就会看到一道新的风景了。

*在很亲近的交往关系中，*

*应有分寸感。*

——

## 不打听、不议论他人隐私

表面上看起来，比起别人的事情，人们都应该对自己的事情更感兴趣，但是也有对别人的事情尤其是隐私感兴趣的人，有些没品格的人总是想去了解和打听这些事情。比如向与自己并不亲近的人询问收入、住房情况，是公寓还是别墅，租借的还是自己买的，其实都是一些与他没有关系的事情。还询问别人孩子的学校、丈夫的职业等，像这样刨根问底的人，就尽量和他保持距离吧。与这样没有品格的人交往，几乎只会有不愉快的感觉。实在没有办法躲避开来的话，或许假装没有听见也可以。或者回复一句“总归马马虎虎还算过得去吧”，或者“呵呵，还算凑合，就先这样干着吧”就可以了，没有必要老老实实地回答。

反之，关系特别好的朋友，怀着好意问询“您的伙伴做得还好吗？”“孩子都大了吧？”，那么如实地汇报一下近况是可以的，也可以告诉他孩子的事情。不用说，炫耀的事情或者牢骚的话都别说，淡然地说一些事情才算有品格。

一般来说，在很亲近的交往关系中，应有分寸感，不要去询问对方的隐私。丈夫的地位啊，孩子去哪儿上学了呀等，很多人不愿意被问起。我和我的好闺蜜也是，本人话题不涉及的，我不去询问，所以她们的配偶也好，地位也好，我大多数是不知道的。

不过，有一点会困惑纠结的是，偶然无意间知道了朋友的隐私和个人信息。

在剧场或者餐厅等地方与家人一起站着的时候，会有“天啦！怎么在这里遇上了呢”这样偶遇的时候，也有看到朋友和一位异性两人很亲密地在一起的时候。那时要做到视线不相撞，别让对方注意到就悄然离开吧。

有一次，我在餐厅和朋友吃饭的时候，另外一张桌子上坐着我这位女性朋友的前夫。我装作没有看见。那位男士做得很好，他自己到我朋友这里来打招呼，我也终于松了一口气。

不像这样体面的情形也有，而且现实当中这是更普遍的吧，过后你如果再刨根问底地询问“那天的人是谁呀，你俩什么关系啊？”，这种好奇心就不要有了，不然你的品格会被质疑。如果再到处对别人说，那就更没有品格了。人们的相处之道是互相体谅和互相帮助，如果让对方感到尴尬就当作没有看见，更要忘记那一幕，这才是一种高品格有修养的行为。

在日常生活中，还有其他相似的场景，比如看到了考试的分数、工资明细单，知道了工作的考评，瞥见了约会的日程安排等，这样的事情不是没有，对这些本不该知道的都要权当没看到，假如炫耀自己知道了四处告诉别人“我知道那件事呀”“那个人的工资原来是这么多呢，太厉害了吧”等的话，毋庸置疑，你为人的品格一定会遭到怀疑。

*在工作上培养部下和后辈，*

*与他们交往时用鼓励的态度是非常重要的。*

——

## 培养年轻人

在学校的时候，我们通常都记得年长自己二三年级的同学，而比我们年级低的同学就不太记得住了。同样，职场上也是类似的，对上司或者前辈，大家都会很用心地观察，但是对自己部下或者后辈，就没那么上心地去关注了，这也是非常具有普遍性的。在人员比较多的职场，自己部下的名字和脸对不上号的人也不少。

作为一名职业人，在工作的时候，理解好处于指挥命令位置的领导到底在考虑什么，这也是把工作做好的前提。人事考评也好，自己的提升也好，都是在领导的权限范围内进行的，想获得他的欢心也是理所当然的。对于前辈，或许会用自己将来也可能会站在那个位置的眼光来观察，所以很多人都对此兴趣深厚。然而对于部下或者后辈，前辈们的意见也会左右对他们的评价，反正自己将来不会再处在那个位置了，因此关注度不会太高。另外，职场女性如果能获得年长男性管理层的认可，则是升职的第一步。还有不少人一直以来都会不知疲倦地努力遵从上司的意向，讨好上司。而有些女性，对于后辈在自己面前的稚嫩不成熟，或者礼数稍欠等，却持有非常苛刻的态度。在这样的女性身上，就无法感受到高品格。

一般来说，当前辈或者上司注意到自己，人会很开心，也会觉得非常自豪，如果再能得到善意的鼓励和建议，那就会很感动了。

“对自己而言很开心的事，也同样去对别人做吧”，这句话很抽象，听到了好像也得不到启示，但是用在后辈和前辈相处的场合就很容易理解了。我们自己都希望能从上司那里得到“真不愧是你啊！如果没有你的话真的很难做得这么好呢”“能做到这一步，可以想象你一定付出了很多”等类似这样的鼓励，听到这样肯定自己的话，是不是会有一种心花怒放的愉快呢？那么，将这些自己也希望得到的鼓励的话讲给部下吧。比如“痛苦煎熬的时候正是你在成长的时候”，再比如“如果一直这样坚持下去，肯定会有好的结果呢”“依照我的经验，我认为这样可能要好一些”

等建议，即使是同样的内容，从上司那里听来，可能比从同事那里听到更觉得感动。

也可以说，与后辈和部下友好相处，比起与对手或者上司交往要轻松很多。但是，不要失去分寸，比如和部下开怀畅饮，让部下照顾自己，也不要忘却自己的身份，丢失自己的尊严，比如让部下请客，给后辈灌酒，称王称霸等。有品格的女性，一定不要模仿这种不理性的男性上司。在工作上培养部下和后辈，与他们交往的时候用鼓励的态度是非常重要的。

让年轻人拥有信心，勉励他们，再稍加指导。你能够拥有满怀自信、开朗阳光、干劲十足的部下，对你来说就是拥有了一份无可衡量的财富。迄今为止，女性很少有能够站在培养部下和后辈的立场去思考的，以后这将是一份非常重要的工作内容。然而，培养了后辈，自己的位置会被取代，也会有这样竞争激烈的公司，当然在日本这还属于少见的情况。仍然还是希望能够有作为前辈或者上司，愿意“培育”后辈或者部下的女性出现，如果能做到这些，你的品格也一定会被提升。

*不需要去批判和评价，*
*只是专注地听。*

——

## 善于倾听

人们都是对自己的事情最关心。在报纸上一个小边角位置用很小的印刷体写着自己名字的时候，哪怕就那一处，也会眼前一亮即刻跃入自己视线内，其实这并不会引起他人的注意。同样，自己或者家人的事情，对自己来说，是特别有意思的话题。我们一定要有觉悟，别人可能并没有我们想的那样对这些事情那么感兴趣。我们穷尽脑力，长篇大论大谈自己的荣耀、功劳，抑或自己不为人知的辛苦或痛苦。对这些话题，实际上很多人都是听完就算了，或者会单纯客套一下随声附和。对于谈论自家人的话题也是一样，哪怕捎带一点故事涉及家人，讲述自己的孩子如何可爱啊，如何聪明啊，如何素质高啊，都不会得到共鸣的。如果不是讲话特别有水平，即使是说自己老公多么有魅力，多么出色和能干，也只会引来反感。然而像总统夫人说总统如何睡懒觉，如何讨厌读书，如何喜欢电视等成为笑料的话，大家听了后会很开心的。

“我除了自己或者自己家人以外的话题，不知道可以说什么了”“说别人闲话那更是没品”“也没什么吸引人的话题了，知识啊，教养啊这样的话题有些无聊”，像这样没自信的想法也不要有。有品格的做法是去认真聆听忍不住想要说自己事情的人。

交流非常重要的前提就是聆听。在交流过程中，不需要去考虑是否要彰显自己的风趣诙谐，只要能用肯定的姿态聆听对方就好。

有没有听说过举行“聆听”这样的活动呢？那个活动就是练习以讲话的人为中心的聆听方法，明白听别人讲话不是左耳朵进右耳朵出，或者总是在询问和打听，而是要全神贯注地去倾听。不需要去批判和评价，而只是专注地听，这也是心理咨询师的重要手法。据说，通过倾听带着问题的一方的讲话，让对方感觉到自己被接受，倾诉出自己的苦恼后，就会萌生出新的想法。而我们在日常生活中，也是通过倾听，可以让对方产生安全感和信赖感，也能形成良好的人际关系。

这些道理尽管都明白了，但真正的倾听确实是一件不容易的事情。我们通常不会那样接受对方的讲话，而会有批评或者反驳的话出来，或者是心不在焉地随声附和，只是为了让对方停歇一下或者鼓励一下。我们虽然不是专家，也不能做到百分之百，但是只要能有意识地倾听，我们的人际关系也会变得很好。

更重要的其实是我们能听取对方的建议。这也和倾听的时候一样，诚心诚意地听取对方说的每一句话。我们通常会一边听着对方的建议，一边就不知不觉地这样在想“那样的事情对我太不可能了吧”“这个人不知道实情，只是凭自己的推断在说罢了”“虽说他是做到了，但对我却不一定吧”，实际上，在聆听的时候，这些态度都会传达给对方的。好不容易给的建议，虽然不能直接起什么作用，但至少能得到些启示吧。同样，教育孩子也一样，我们要首先接受孩子，肯定孩子，建立信赖关系，这些是最重要的。

*试着去爱自己不完美的父母，*

*让品格得到磨炼。*

## 不抱怨家人

如前所述，四处控诉自己对职场不满的人会降低作为职场人的品格，同样，总是给别人诉说自己家人的牢骚也会伤害自己的品格。比如给别人诉说自己对父母的怨言，然而自己是他们的孩子，是由他们养育长大的，这个事实是无法改变的。那么就应该接受和肯定他们，在试着去爱自己不完美的父母中，让品格得到磨炼。自己的丈夫也是一样，结婚的时候是下决心打算和他一起度过一生的。经历过长时间的婚姻生活，想说出长期以来对丈夫的不满和抱怨的心情是可以理解的，但是，给朋友或者熟人说，其实只会让对方为难。

随着时间的迁移，你的心情可能也变了，你或许已经忘记了自己曾经说过的不满和牢骚。然而，当初你在诉说自己各种不满的时候，对方本来只是为了迎合你，也说了她丈夫的种种不好，你有可能会记住，这种情况也有。假如对方是一位有品格的女性，即使你在抱怨家人的种种不好，她也会护着你的家人说："我都明白，虽然是那样的状况，但是他不是还有这样那样的优点吗？"如果她站在与你相同的立场随声附和，你的内心也会不安。你对自己丈夫的抱怨说得再多，最多会被认为："既然都那么讨厌了，为什么不离开呢？"其实，很多时候并没有到要离婚的严重地步，只不过你是一时生气，暂时不开心而已，这样的情况比较多。

无论是说自己的父母还是孩子，相信他们不会外传，一定是自己绝对的盟友，因此不知不觉就开始说起对丈夫的不满。但是，那样就会让自己的亲人担心，让他们犯愁了，尤其是处于婆媳之间的男性从双方那里听到对方的不满和批判时，可想而知，一定是非常为难的。

如果和丈夫之间发生了婚姻生活无法继续的重大问题，比起卷入相关人员大闹一场，不如让专家介入，不要让纠纷拖得太长。

如果对孩子不满，这就和自己期待过高，以及对孩子倾注的爱过多等有关，有些复杂。在朋友对自己诉说对孩子的不满时，就回应一些“孩子啊，都一样，真是没有办法”“孩子都不会按照父母的意愿去发展”这样不轻不重的话比较合适。

对婆婆或者小姑子的牢骚那真是太多啦。因为实在是太多了，听的人倒是不会感到不知所措了，可能会想“果然不出所料啊”。不论怎样冷静地叙述，无论是对婆婆的，还是对小姑子的牢骚，肯定不会有好话，这个话题便容易感情用事。那就尽量找到可以夸她的地方去赞美吧。有件非常不可思议的事情，或许是理所应当吧，有些为自己的丈夫和孩子而自豪的女性，会无法控制地喋喋不休，甚至于不停地夸赞，这种时候还很多，而夸奖婆婆或者小姑子时，则是很理性的。到了我这个年龄，说儿媳种种不好的女性开始多起来了，这个也一定要有意识地克制自己，努力去夸奖称赞。实际上会夸奖儿媳的女性，别人都会好羡慕，认为她真了不起，她真的好幸福。

说起家人引以为豪的事情会喋喋不休，而抱怨的话又不好讲。其实，如果不是特别擅长说话的人，对家人的夸奖也好，责难也好，还是不说才最为妥当吧。

*赞扬，*

*本来就不应该期待回报。*

## 真诚地赞美

我曾经见过被誉为生命保险业界的“女神”，其实，她并不是那种开口就滔滔不绝，口若悬河，能说会道的女性。她虽然讲话很少，但讲话方式让人觉得很踏实可靠，而且很擅长赞扬别人。日本大荣集团的会长林文子也曾是宝马汽车的销售业绩连冠者，他说过：“我很善于赞扬。”销售高额车或者保险，要被对方信任，必须说服对方，这就需要有能够打开对方心灵的钥匙，赞扬对方的优点。不仅在工作领域中，现实生活中，成功人士往往都会真诚地赞扬他人。

实际上，赞扬还真是一件不容易的事情呢。最初只了解对方一些表面的东西，个子高高的好帅啊，对服装很考究，穿衣真的很适合、很有品格。最开始这些就可以，但不能每次都是这些。学历也好，社会地位也好，大家都将其作为赞扬和肯定的内容，但是，这反而有时会被觉得烦人。不被人发现的，自豪的事情，一旦得到认可、赞扬，无论是谁，都会特别开心。

我听说几乎所有的销售达人都会彻底调查对方的兴趣爱好、家庭关系，或者经历阅历，然后进行赞扬，比如，以前在什么大会上获奖了，一直坚持着一个兴趣爱好……如果没有对方的信息，就无法赞扬别人。如果没有关注对方的兴趣爱好，也搜集不到相关的信息。专业的销售人员，为了推销出去商品或者服务，就必须要做出这样的努力。但是在生活中，家庭主妇是做不到的，这也包括我自己。如果我能够更好地夸赞别人，说不定我的工作比现在还要做得好。

不过，当我们在恋爱的时候，喜欢上了一个人，那么就很想知道关于他的很多事情，而且会忍不住不停地夸赞对方。日常生活中，即使不可能和对待恋人一样，你也只需要用对恋人的一半，或只用十分之一的关心，对你的上司、部下、同事、客户的话，你就会被他们喜欢，获得他们的帮助。有时候，说不定还会被提拔。虽然我们并不是为了销售什么产品或者服务，但是我们却是销售我们自己这个最大商品的销售人员。为了得到大家的好评，能被大家喜欢和接受，我们还是需要做一些努力的。

不过，销售人员是有类似销售业绩这样眼睛看得见的业绩考评和报酬结果的，而我们却是没有办法看见销售“自己”的业绩结果和报酬的。如果以报酬为目的来赞扬别人，那么品格档次就降低了。

有品格地赞扬别人，首先是很单纯地发自内心地被对方的行动、语言和业绩感动，觉得真好啊，是为了表达这种心情。没有真心的赞扬，是会让人很厌恶的。再有，赞扬本来就不应该期待回报。如果别有用心，想着把那个人搞定拿下，让他高兴满意，这样自己就一定有好处，带着这样的想法来赞扬别人的话，无论你说得多么甜美动听，都不会让人喜欢的。那样的小算计，外人会一眼识破，最后反而不会有好结果，周围的人也只会认为你是一个善于阿谀奉承，讨好卖乖的女人。

*朋友也好，熟人也好，*
*谁都不是完美的人。*

——

## 不说熟人和朋友的坏话

人们常说，真的朋友，是能给自己忠告和对自己提出批评的人。而普通的熟人，就只会说一些无伤大雅的话。确实，真正交心的朋友，是会向对方提出忠告，即使这会让对方听到后不怎么愉快。

但是，现实不是按照教科书来发展的。满怀真诚给出了建议，最后却连友情都被搁浅，遭遇冷淡对待的事情也不少。

尤其是女性朋友，一旦亲近了，就变得非常亲密，经常一起行动，什么都说，很容易就毫无遮拦地互吐衷肠。无论什么对方都会支持和赞成自己，无论说什么都会引起共鸣，有这样的朋友确实是一件幸运的事。你会感觉到拥有无论对自己的优点还是缺点都可以包容的朋友，真是好开心，也很自然就认为她是自己的铁闺蜜了。但是，这样的朋友关系，一旦发生不和，开始相互责难，情况会很悲惨。互相都知道对方不愿让别人知道的事，那些内容一旦成为攻击对方的材料，事情就会很难堪了。“我因为把她当朋友才告诉她的，太过分了！我也知道她的秘密呢，我还一直替她保密呢”，像这样的翻脸不和的事情，我也见过不少。这个不仅是同性之间，恋人之间也容易出现这样的事情。

如果想搭建有品格的交友关系，对第三者绝对不要说自己友人或者熟人的坏话。一定要记得，对第三者说的话，一定会传到对方那里去的。这个世界上，没有品格的人太多了，他们都很喜欢听别人的八卦新闻，尤其是恶言微词、批判或者争吵，而且马上传播。交流心理学中，“我们仅限于在这里说说”的传闻，往往比起没有特别强调保密的话题传播起来还要快。

如果直接说，其实也没什么大不了。但是从第三者口里听说了，就会觉得心里不舒服，再加上还是用批判指责的措辞，那就会令人伤心了。在朋友不在场的时候，对朋友赞扬的话说多少都没有问题，但是批判指责的话，绝对不可以说，这点要在心里有数。

朋友也好，熟人也好，谁都不是完美的人，所以，谁都会有失败，也有犯错误的时候，而且，在本人也知道自己错了的时候，还不依不饶地去指责或者批评，就没有必要了。在朋友失败和消沉的时候，事后即使说："我早就觉得很危险啊，你真应该慎重地多听听别人的意见啊。"其实已经无济于事了。再加上，当听到你告诉第三者那人我看真是没救了，那可真是会令人寒心啊。他会非常失落地认为："原来我曾经信任过这样的人啊"，可能连对人生的自信都会失去。

曾经特别信任的朋友变得无论如何都不喜欢了，或者忍受不了，没有必要和他本人去讲述理由，或者批评指责，希望人家改正。只需要一点点地拉开距离。同级生也好，同事也好，哪怕是不得不碰面的这种关系也好，可以渐渐减少在一起相处的时间。不要特别夸张地突然分开，可以在不知不觉中疏远。就好像和恋人分手一样，不是突然地画个句号结束，而是逐渐淡出，在不知不觉中变得疏远了，这是最有品格的分手方法。

*开朗地、满怀感激地度过人生的秘诀，*
*是不要忘记接受过的亲切、友善和帮助。*

——

## 及时表达感谢

如果感到非常幸运，或者遇到很开心的事情，那么即时表达出来。用语言说出来，用态度表现出来，用最真诚的笑容将谢意传达给对方。拿到了礼物，或者馈赠物品，马上打开来当场感谢。这种时候没有必要客气，很多人刚拿到礼物不好意思打开，其实开心的表情是最大的感谢。

收到了邀请，得到了好的推荐，或者被授予了一份不错的工作，也马上表达感谢的心情。完全没有必要认为露出开心会被人轻视，从而压抑自己的心情，故意表现得特别稳重和矜持。如果是有了愤怒的负面情绪，那么深呼吸一下，让自己冷静下来，压住自己的情绪。当有了像高兴或者感谢的正面情绪，应该在最热烈的时候真诚自然地表达出来。

特别是有人对自己特别好，工作上帮助自己了，将谁介绍给自己了，给自己提供了非常有用的建议的时候，应当即时告诉别人那对自己是多么有用。不仅仅是直接告诉对方，也可以告诉对对方来说非常重要的人：“在那之前，A先生给了我特别好的建议，我真的很感谢他呢。”这样比直接感谢对方更能让对方感受到你的谢意。

对于曾经善待过自己的人，被感谢就意味着知道自己做的事情帮助到了别人，这会使对方很开心，心情会很好，也感觉到自豪，而且还会更加想去帮助他人。

但是，如果当时特别夸张地表达了感谢，然后就结束了，后面也没有继续的话，会被人认为很浅薄。可以写一封感谢信，下次见面的时候再次表达感谢之情。总之，接受了令人难忘的关照，得到了非常棒的建议，那么就记录下来。人们往往容易记得自己照顾过别人，记得自己对别人的好，被照顾到时和接受到的别人的好，却不太容易记得住。借出去的钱记得住，但是借别人钱了却记不住的人很多。我们一定要注意，不要发生这样的事情。

自己被别人看不起，被侮辱了，懊悔了，被背叛了，等等。类似这些不愉快的回忆，应尽量遗忘掉。但是，这些不愉快的回忆，却很难做到忘记。那么，人生就会变得黑暗。开朗地、满怀感激地度过人生的秘诀，是不要忘记接受过的帮助。我也有得到别人的关爱和帮助的记忆，为了不忘记，记录在了感谢小册子上。A 先生给了我这样的激励言辞，帮助到了我；B 女士给我介绍了这样好的一个工作；C 先生给予我工作很高的评价……仅仅阅览这些，就能真实地感受到自己不是一个人走过来的，被这么多人爱护和帮助过。这份感谢之情，会让自己也想成为一个能给予他人赞美，能对他人有帮助的人。

CHAPTER 6

# 有品格的行动

*不为了炫耀去做好事是非常有魅力的，*
*能提高一个人的品格。*

——

## 为善勿宣

最近，义务工作特别受到社会的广泛关注。企业的社会贡献也好，社会责任也好，都逐渐被强调起来了。个人也好，企业也好，都是社会的一员，这个社会要持续发展，那么，每个个体都能在自己力所能及的范围内做出力所能及的事情就是一件非常了不起的事情。日本企业也终于意识到，企业不仅是为了赚钱，像这样为社会做贡献的活动，也能提高企业形象，提升企业品格。

在日本，基本没有志愿者活动的传统。但是，因 1995 年阪神大地震的契机，这个概念基本被固定下来了。各个地方也成立了很多的公益组织，从事着各种社会义务活动。不仅主妇和学生们，参与志愿者义务活动的社会人士也增加了。最近，日本社会也意识到，不仅在自己本业务范围内要取得成功，也要重视有没有为社会做贡献。随着很多人开始从事志愿者义务活动，做志愿者也就不被认为是什么突出的，需要被大家用特别尊敬的眼光去看待的行为了。

有品格的人，下意识地理所应当地履行善行，并没有为此洋洋得意引以为豪。如果你本来是在做好事，但自己却据此为炫耀的资本，那就变得没有品格了。如果是想以此来炫耀自己才去做好事的话，那么别人就会认为你是想沽名钓誉了。通常，为了引人注目而四处行善，作为一种企业的宣传活动提升企业品牌形象，这在商业社会是不得不做的事情。但是对个人来说就不一样了，需要低调而且长期地坚持履行，这也才会让别人感动。低调不是说你需要偷偷摸摸掩人耳目地做，而是不要夸张地四处自我炫耀。我们所称的德，本质是指不期待任何回报的一种善意的行为。

不只是志愿活动，不为了炫耀地去做好事是非常有魅力的，能提高一个人的品格。汇集了佛教随笔的书籍《修证义》里有一节这样写："当面聆听爱语会当面高兴，内心愉悦，不当面也能听到爱语则会刻骨铭心。"这句话是解说对别人表达自己充满爱的话语，比起直接去讲，不如通过别人间接让对方了解到，会更令人感动。

我们没有必要吹嘘自己的努力。比如学习英语、勤奋备考研究生、练习钢琴、体育锻炼等，无论什么事情，能出成果的都是需要时间的。当然，也有很幸运有特殊才华的人，可那是例外，基本上所有的人都是通过努力才可能获得更多的知识，掌握更多的技艺。泰然自若，稳扎稳打地付出他人看不见的努力，这个也能锻炼和决定一个人的品格。我们不要见谁都说“看我学了这么多，很了不起吧”“我在努力学习，所以真的忙得暗无天日啊”“我也在学习这个，我也还在进修那个呢”。看起来似乎轻轻松松、淡然无事，实际上却在不断努力，这样的人才是最有品格的。

我们常常看到湖面上轻快自然浮着的白天鹅，其实水面下它们在拼命地划水。正因为没有把自己的努力展示出来，看起来才会那么美。也有人有这样的聪慧想法：知道自己虽然还没有到那一步，但会告诉所有人自己在做，从而刻意逼迫自己不能中途放弃，借助压力而使自己努力。

*抱着专业的精神，*
*尽最大的努力，*
*才会实现有品格地工作。*

——

## 即使不为人知，依然默默努力

人的才能有许多种，而勤勤恳恳、坚持不懈地努力，是人生中最重要的。“干起来！”，狠下决心开始了的事情，即使中途热情减退，或者进展没有想象那么顺利，但也不放弃而坚持到最后。“非常想去做”和“做起来”是完全不同的。那个事情很想做哦，这个也不错而舍不得放弃，眼花缭乱了，最后也就一事无成了。

在各种网络教育平台上学习，下决心想获取各种资格证书的人很多，而能坚持到最后的人只有 10%。大家都会想，我要会弹奏各种乐器该多好啊，然而，要学到能够享受弹奏乐器的程度，你必须先承受很多枯燥无聊的练习才行。这和学习语言也是一样的。很多孩子学习技能的时候，倘若本人不喜欢而父母强制，最后没有达到好的结果。自己一旦下决心要做的事情，那么就要坚持到最后。如果中途放弃，最后就只会一事无成。

不仅学习是这样，工作也是一样的。一旦接手了或者承诺了的工作，就要竭尽全力争取出色地完成。无论是怎样枯燥无聊的工作，或者是最基层的不被人注视到的工作，都不要选择中途放弃，或者偷工减料。这也正是你凭借工作呈现自己的品格从而获得成功的秘诀。对眼前的工作都不能做到全力以赴的话，就会失去属于你的机会。“这工作我无论怎样努力都得不到认可啊”“这工作还是不适合我”“这么无聊的工作我不想接手”，等等，像这样找各种理由不能全身心投入工作的人，可能一辈子都不会遇到自己称心如意的工作。虽然我们不知道自己的工作状态会在何时被谁关注到，但现在的你就正在好好努力工作，或许就是现在，会被别人认可。在职场中，拍马屁，刻意表现自己，想靠投机去钻营取巧，一旦被发现，并不容易得到宽容。

丰臣秀吉还在做帮佣的时候，为了将自己的工作做好，下了很大的功夫，因此才获得了下一个工作机会。为此，我们不要动辄就吐槽，在不被人看到的时候，也应该勤勤恳恳，踏踏实实。以前，我的部下经常很利索地打理好工作，晚上的应酬会务工作也会很认真地参加，在别人都不上班的周六有时候她也需要上班，一大早没有电话需要应对的时候她就会默默整理内务工作。

在被人看到的地方努力的人很多，而在不被人看到的地方做了多少努力，付出了多少货真价实的劳动，这和一个人的工作品质是紧密相关的。只在有领导的地方努力，在不被人注意到的地方就糊弄，比如不负责任地处理客户的投诉，或者自己没有搞明白的课题总是侥幸地想反正总有办法吧，而不去认真调研。像这些做法，我们就不能称其为是有品格的工作，这个其实也和人的品格有关系。迄今为止，提升了日本企业的品格和日本人品格的，是那些具有匠人精神的人，他们对粗制滥造不严谨的工作结果绝对不妥协，还有那些兢兢业业日复一日地重复着同样劳作的无名的人。不图扬名，也不为获取回报，而是抱着专业的精神，尽最大的努力，才会实现有品格地工作。

进入社会的女性，在职场上被提拔到管理层后，会参与各种决策性的工作中，这当然非常重要，而与此同时，能让自己的工作有品格，也就能使得自己的品格得以提升。

*为自己规定好时间，*

*安排生活。*

——

## 独处时的优雅

我们会在被人关注到的时候，尤其是在认识自己的人面前，多少会在意一下自己的着装，也会注意是否有不应该的行为举止。模特也好，演艺圈的名人也好，因为被人注目，所以会历练得精致优雅。相反，隐退后的女艺人，不知不觉就渐渐失去了光辉。那是因为，她们失去了被人们的视线注目时的紧张感。与坚持工作的女性相比，以家庭为主的女性，想要一直拥有紧张感，美好地生活的话，确实是一项有难度的事情，为此本人的努力是非常必要的。

我有一位做家庭主妇的朋友，她保持这种紧张感的秘诀是使用自己的时间分配管理表。一整天在家待着的时候，大扫除是几点到几点，这一天要读哪本书，写一封书信，打几个电话，练习瑜伽等，必须履行的、要做的事情，都会在表上写下来，根据这些内容快节奏地行动。而与此同时她还获得了广播大学的学位。如果没有时间管理，自己就会变得慵懒，所以她要为自己规定好时间，安排生活。

当然，这个时候要注意的是优先顺序，将优先度高的事情放在首位。在我们的生活里，做了虽然不错，但是即使不做，也和大局无关的事情有很多。不要在并不重要的事情上浪费精力，而使得真正重要的事情没有了时间，这一点，对我们自己来说是至关重要的，我们要经常对自己生活的时间安排做个检查。

比如，享受一个人的料理时间。一个人吃饭的时候，我们不妨制订一些规矩。即使是买的熟食，也一定重新盛在自己的餐具里来食用。用买时自带的塑料盒做餐具很不美观。无论是生菜也好，番茄也好，放上一些其他的蔬菜搭配，看起来也会色泽鲜艳。《源氏物语》里面就描绘有这样的细节，因为不知道男士在偷看，女性直接从餐柜里取用食物吃饭，因而失去了爱情。双手合掌，说一声："谢谢您，那我吃饭啦。"然后再吃。这不仅是对为自己准备了料理的人表达感谢，也是对能够享受这份美食的自己表达一份谢意。同时也是在觉悟自己获得食物的生命，汲取食物的精华来滋养自己的健康。

另外，如果因为觉得谁也没有注视，而对自己的外表无所谓，那么这种行为，对女性来讲，无疑是一种自杀的行为。早上起床，用发带或者橡皮筋，将头发利落地绑起来，总之把头发一定先收拾好了。然后，哪怕只是稍微画一下眼妆，或者只是涂一点唇彩口红，根据自己的喜好来定就好，就算哪一位突然来访了，自己也不用慌里慌张地装扮，这种状态非常重要。比如，穿一穿只有在家才能美一下的长裙子，露肩的装扮，这些也都很不错。还有，有些变形变旧的衬衣或毛衣，在家当作家居服也不错，如果脏了就当回收品或者一次性使用的抹布处理。另外，在家里放上能照到全身的镜子，检查一下自己的着装是不是很难看，这样就能一直保持紧张感。

*从优先级高的事情开始，*
*其他的等有时间的时候安排去做。*

## 不为眼前的工作而手忙脚乱

有些人认为忙碌意味着“我太有人缘儿”“我是很重要的人物”，因此就将“我太忙了，实在太忙了”作为口头禅。还有一些女性，就算在职场中并没有处在重要岗位上，但是为了表现自己在从事着重要的工作，总喜欢说“忙死了，真的忙死了”。诚然，不是想忙，而是真的很忙的人也有很多。由于很多工作岗位在裁员，人数减少了，但是工作量并没有减少，因此每个人的工作量增加了，很多人就被工作所包围了。但是，即使这样，也可以想办法自己安排好工作。被工作追赶着过的话，有品格的生活就没办法拥有了，实际上在这样的状态下工作也做不好。

工作太多，每天都干活到深夜，周六周日也不能休息的状态如果一直重复的话，就需要动脑筋调整了。首先，要想办法让别人来一起分担工作。也许是自己单方面认为如果自己不做就没有人做，那么就要让部下、后辈，或者小时工等来搭把手。这样的话，在一开始因为要教别人或许会有些麻烦，可能会认为还不如自己做得快，但是稍微忍耐一下，就会发现自己自由的时间在增加了。不可思议的是，比起自己因为揽了一堆活儿而苦恼的状态，反而因为交给别人做了，而被大家认为“那个人在培养接班人呢”。如果把工作交给别人了，是不是自己就不能在工作岗位待下去了？我们一定不能因为这个理由，而让自己总是手忙脚乱。自由的时间里，就去做别人做不了的事情。没有空出来的精力，就不能接触新的工作。也有因为工作忙得手脚朝天而忽略整体工作的趋势和动向的时候。

一般来讲，人手少的时候，工作量就会增多。首先，要向上司申请增加人手。如果正式员工不够的话，就增加派遣员工或者小时工。如果每天都有援手不太可能，那么哪怕一个星期三两次也可以。其次，是要减少工作。这个工作真的是自己非做不可的吗？比如，校对工作是不是可以交给专业人员呢，每周都有的会议，改为两周一次如何呢？旁听的会议是不是可以不用参加，会后拿来会议记录看一下就可以呢？这些问题可以探讨的余地其实还有很多。

或者，自己的工作安排不合理，工作进展可能不好。那么就制定一个工作进展表，首先决定工作从哪里入手。从优先级高的、重要的事情开始，其他的就等有时间的时候安排去做，这样，精神压力就会好很多了。忙碌的人，其实有很多是因为给不重要的事情分配了太多时间，于是，做重要事情的时候，时间不够用了，然后就变得很忙了。处理完重要事情以后的时间，再去处理那些零碎的事情。比如可以在宾馆大厅等待时，在车站或者机场等候的空闲时间里去处理。最理想的解决方法是一周内留出半天，什么计划也不要安排，对那些没有处理完的琐碎工作，用这段时间进行处理。这些琐碎细小的工作，即使不能处理完，也应该无伤大雅。

尤其当自己处在领导位置的时候，不仅自己的工作，对整个团队工作的状况和进展也有必要留出精力去关注。迄今为止，根据我的工作经验，最有能力的部下经常看起来都非常闲适。因为他把工作合理分配了给大家，然后自己来配合，或者给大家提出建议。于是，当新的大任务被突然分配时，他自己就能够身先士卒地去开展工作。实际上，有了这样的人，整个团队无疑就能干出漂亮的活儿了。

*如果经常被自尊心和名誉感操控，*
*稍微被轻视就会感觉受到了伤害。*

——

## 不计较大材小用

自己竭尽全力取得了工作成绩，获得了好评，当然是一件非常开心的事情。然而，如果没有从他人那里获得预想中的很高的评价，多少会有些气馁，这在现实生活中还是很多的。在工作场所也好，学校也好，朋友圈子里也好，分派给了自己并不太合适的工作的时候，内心里会认为是大材小用了。如果无论如何都觉得不能接受，那就不要接受，应该果断地拒绝掉。但是，更多的时候，对自己来说，有些大材小用的工作也好，或者无趣的工作也好，不妨试试做一下，说不定会打开另外一个世界，会有新的发现。

尤其是在和本职工作没有关系的社会义务工作团体、自治会、同学会、学会、兴趣会等组织里，虽然不是出任会长、委员长之类的职位，分配给了自己什么职位，那么尽力做好就可以了。真的是给了一个自己认为大材小用的职位的话，也不要发什么牢骚。勤勤恳恳地付出，不但会让人看起来很优雅高尚，自己也会很轻松。如果在所有的场合都得到大家的认可，想特别醒目而使劲用力，这样的人哪里还谈得上是提高品格啊，只会被他人认为是想彰显和推销自己罢了。不是为了自己，而是为了他人付出的人，才可能被认为是有品格的人。

我是女王，不想输给任何人，无论什么场合，无论是谁，都要尊敬我，都会喜欢我，无论何时，如果得不到尊重，我就不甘心……如果这样想，人就活得没有度量，也就不轻松了。有时候，接受在不被闪耀的聚光灯照射到的地方默默地工作，也就可以理解在那个岗位的人的心情了。

诚然，在自己非常珍惜的领域，是不可以妥协的。但是，在社会义务工作、兴趣爱好，或者其他的领域里，就游刃有余轻松地做事吧。如果经常被自尊心和名誉感所操控，稍微被轻视了就会感觉受到了伤害。植物的主根和主干部分不可以动摇，但是枝叶部分或者花儿的部分牺牲一下，植物还是可以生长出来的。其实，你让给谁了，或许接下来就是别人让给你了。能拥有让别人手持鲜花的胸怀，也是有品格的一种展示。

虽然是这样，但是我们不断爽快地接受各种委托过来的事情，就会不断地有各种各样的事情找过来了。本来自己的工作就做不完，这样更会使自己的时间越来越少而很为难，现实生活中，通常都是各种杂事集中着来找能解决的人。那么就要考虑一下自己的工作和家庭状况，还有自己的体力和能力。在有限的时间里接受的事情，要限定在两个或者三个，超过限度的话，无论怎样遗憾都要回绝掉。如果太忙的话，就会如“忙”这个字表达的一样，“心亡”，人就真的找不到心灵了。一般来说，名人们担当的社会职务就像戴帽子一样，实际上，接受了各种各样的职位称号但什么也不做的人也是有的。这种名不副实的事情，反而会让人怀疑这个人的品格。

总之，一定要分清楚这个是否属于自己本业以外领域的事情，本业外的领域，不用过于在乎给自己什么称号，就愉快地参与到这些活动中去吧。

*如果什么都做不好的话，*
*就需要放弃。*

——

## 游刃有余地生活

和在职场上一样，我们的个人生活也需要游刃有余。不可能像在工作场合一样，可以让别人或者部下来分担，只有自己来控制工作的多少了。

首先，如果什么都做不好的话，就需要选择放弃。工作干得很好，家庭也照顾得很好，社交也不落下，各种修养学习也不放过，品尝着美食，穿着打扮也很漂亮，还能到处旅游……一生中我们想实现、想做到的事情真是太多了。但是，我们并不是所有的都可以做到，至少不可能在同一时间里就能够实现。如果不是所有的都能做到的话，那么就必须要有选择，而选择的时候是需要标准的。

如果有工作的话，那么最优先的应该是工作。我就是这样，但是有了孩子以后，在孩子年满两三岁时，和其他时期相比较，孩子和家庭的优先级要高一些。孩子发烧了，又有重要会议，到底选择哪一个，我也犹豫发愁了很多次。我们那个年代，社会环境对于在职场的母亲来说，一点儿也不体贴。现在养育孩子可以申请休假，还会受到鼓励，这个变化确实很大。也正因此，很多人就打着“陪伴孩子”这样冠冕堂皇的理由，工作不上心，社交聚会也不露面，这就有些太过了，自己的生活没有一点空间了。

我不会打高尔夫球，也不会唱歌，更不会跳舞。如果我学会了这些，一定会很有乐趣。但是对我来说，家人和工作的优先顺序比打高尔夫球要高，加上如果不练习的话高尔夫球也学不好，那就没有办法，只有放弃了。孩子上学以后，照顾家人的活儿就轻松很多了，当我辞掉公务员的工作，精力上也变得相对轻松一些，于是才去出任公益团体的董事，接受了女性团体的代表任命。这些工作也并不是无论什么我都会接受的，我只会接受我认可的。对方会邀请自己，那是非常令人欣慰的事情，一般都会接受的吧，但是，如果自己不能亲力亲为投入其中，并做出贡献的话，还是不要接受为妥。

除此以外，还有各种聚会活动，比如和以前职场的同事聚会、朋友聚会、同窗学友聚会、有相同兴趣爱好的朋友聚会等，都可能会来邀请我们。在这些各种各样的聚会里，都会碰上有趣的、有意义的相遇。但是，所有的聚会都出席的话也是不可能的。一定要选择需要自己出席的聚会是哪一个。有时候会有很多人的派对，无论多么豪华，或许还有重要嘉宾光临，优先度也不一定会很高。优先度高的，应该是由自己担任发起人的，或者自己需要发言讲话的聚会。可以用委托书解决的，就用委托书的形式而不用亲自参加。可以由代理人参加的话，就拜托代理人出席了。我们需要慎重考虑，整理一下自己的时间，决定好必须出席的聚会，这样就会有一些属于自己的业余活动的精力了。

虽然是职场女性，也有人会认为所有的家务活都应该是女性的分内工作。这时候，一定不要所有的家务都自己来干，比如购买一台洗碗机、带有干燥功能的全自动洗衣机、微波炉等设备。家人也可以选择在外聚餐，实在太忙也太累的时候，就拜托家政服务进行专业清扫。对这些也完全不需要有歉疚感，要理性地认识到这是用金钱购买时间，从而使自己拥有更充足的精力。

*迟到的帮助，*

*不称其为帮助。*

——

## 爽快答应与委婉拒绝

有时候，我们会遇到自己并不感兴趣却不得不去的困难岗位，或者没有人气的岗位，也会遇到不属于本职工作，但因为各种理由根本无法拒绝的要张罗的聚会、活动等五花八门的事情。当然，有人能做到无论对方如何拜托也会意志坚定地予以拒绝。不过，在并不是特别为难的时候接受下来，也是作为职场人的一份义务吧。

一旦接受了，就不要在那里展示很不情愿的样子。无论是一年还是两年，总之，既然在一定的时期内必须要做，那么就心情愉快地去做。已经接受了，却还心不甘情不愿地做，那就不但不会有好结果，还会给周围人传播了“情绪病毒”，使得大家也不开心，尤其是自己更不开心。既然不得不花上时间和精力，那么就愉快地付出，这才是有大智慧。

担任的工作如果迄今为止没有做过，担心做不好也不擅长所以并不想接受，或许尝试做一下也会觉得很有意思，会意外地发现自己认为的不擅长是没有根据的。我也有过类似的经历，我曾被派到一个我并不向往的岗位，在那里竟然发现了自己具有的不知道的能力。

接受了做组织干事的角色，需要负责和店家交涉，安排主持活动议程，收取会费等，在其间可能会发现令人们意外的一面，也可以增加新交往的契机。即使不是认识的每个人都是很有魅力的，但是可能有一个或者两个人是不错的。如果自己传播负面情绪的话，好不容易出现在自己身边的好人就会擦肩而过了。

另外，如果遇到很诚恳的委托的话，能做的话就尽量接受吧。既然别人很看好自己求上门来了，那就爽快地接受，对方一定会非常感谢的。虽然是这样，但我们不可以据此刻意索要回报。

这种时候，一旦接受就不能在那里唠叨不满、发各种牢骚了，应该高高兴兴地去做。如果非要人家感激你，很不情愿地做，好不容易劳心费力做好了，不但可能得不到感谢，还可能把人际关系也搞砸了。担任某公益财团法人董事的信条里有这样一句话："迟到的帮助不称其为帮助。"需要你帮助才会来拜托的，但你却无所谓地表示有时间了再说，并从此不闻不问。就算最后出手相助了，但因为错过了最好的时机，也不会让人有感激的心情了。事实也确实是这样，既然要帮人家就要真正地帮到，答应了委托之事，就要全力以赴，马上行动才好。

如果确实是时间上没有空余，抑或委托来的事情已经超越自己的能力了，再或者考虑到自己确实没有办法参与的时候，那么，就一定要马上清楚明了地，怀着真诚的歉意郑重地拒绝掉对方。

*从事辛苦的幕后工作，自己也不需要宣传，*

*会被大家一致认为是值得信赖的人。*

——

## 甘愿默默奉献

担任活动主办方与作为嘉宾出席活动，这两者所花费的心力和需要付出的精力是完全不能相提并论的。无论在工作场合还是非工作场合，与被大家关注着的站在舞台上的人相比，在后台的人，才是实际上支撑和运营着一场活动的重要角色。打个并不恰当的比喻，这就像有艺妓表演的招待场合，艺妓与持有那个场子的女主人的关系一样。女主人就好比导演，在统筹管理着招待活动的整体进展状况。

女性建立人脉关系是非常重要的。很多地方都在强调要建立关系，而建立关系最便捷的方式，就是做幕后工作。自己不是客人，而是主办方的时候，需要招募活动参加者，预约会场，还要梳理策划方案和流程。同窗会也好，学习会也好，策划干事长的工作非常麻烦，谁都不想干，但是，正是从事这样辛苦的幕后岗位工作，自己不需要宣传便会被大家一致认为是值得信赖的人。

人是互相吸引才聚在一起的，对于非常有社会影响力的出席者，不但要用信件或者邮件联系，还要打个电话确认下是否出席，也要考虑到为了能使参加聚会的人都能够饶有兴致地交流好，应该如何组合安排之类的细节问题。这些工作中，不限于个人举办的活动，包括工作场合或者家庭场合举办的活动，即使自己不出场，也愿意将该做的事情做得漂漂亮亮的人，才是最重要的。企业成功的背后，正是有很多人在基层默默地将各自的义务和责任兢兢业业地履行——为了生产出更加完善的产品，大家坚持不懈地努力奋斗。

如今好像特别强调个人领导力，也出现了很多有个性的企业家和政治家，而另一方面，类似化妆品公司产品质量掺假，互联网公司年终财务造假，建筑行业的耐震构造造假，乳品保质期造假，汽车质量造假等企业的负面报道，也一个接一个地多了起来。这是否意味着绝对不允许发生的偷工减料，弄虚作假的匠人精神被毁坏了呢？这令人颇为担忧。

最近，女性已经参与到各种社会工作中了。女性进入社会职场是非常重要的。但无论男女，很多行业或者职场，并不总是绚丽耀眼，大多数是朴实无华的，需要那些愿意默默奉献的员工。为此，扎实地做好自己该做的，对交给自己的工作竭尽全力，不要偷工减料或者投机取巧，为做出更好的商品和提供更好的服务而兢兢业业，是作为匠人最重要的精神。

NHK（日本广播协会）电视台的节目 X 计划就描绘了这样无名的职业匠人奋斗的故事，引起无数人的感动。正如被大家称为“大叔节目”那样，节目选取了很多男性人物，而女性只有很少一部分。当女性成为职业人，大多也是默默无闻的，但她们对社会来说仍是不可缺少的重要一员。

大多日本女性一直以来都是在家庭中从事着家务，如育儿、照顾老人等，虽然也很重要，然而，无论从经济上还是从社会地位上，都得不到回报。所以，女性是家庭中的付出者。对于这些女性，过去的人们都以尊称称呼她们，以表达对她们的尊敬。现在，很多女性会进入职场，很多女性也将要在职场上接受从事幕后的工作。我相信，在这里面一定会培养出很多有品格的女性职业匠人。

*如果没有时间观念，*
*心里面就无法做到游刃有余。*

——

## 严格遵守时间

我可以毫不夸张地讲，比约定时间提前 5 分钟到达，是拥有品格生活的秘诀。严格遵守时间是最好的礼仪。比约定时间提前到达，不用语言表达就能表现出来对对方的重视。如果对方稍稍迟到了，还可以宽慰对方。据说像松下幸之助那样事业成功的人士，何止是提前 5 分钟，而是尽量会做到提前 10 分钟甚至 20 分钟到达。如果认为这么重要的人物太忙了，很有可能会迟到，那就完全错了。越是忙碌的人越是严格遵守时间，这一点毋庸置疑。越是严格遵守时间的人，越是能获得信用，从而获得成功，这也是从古至今的铁律。

如果没有时间观念的话，心里面就无法做到游刃有余了。我也经常反省，当我要迟到的时候，非常焦急不安地等待电车的姿态，实在和有品格的女性相差甚远。要迟到的时候，慌慌张张的，自己的心态无法维持稳定的状态。比如对周围的人会欠考虑，也可能会引起误会等。比约定时间提早行动的话，一些意外因素，比如电车时间不准，出租车堵车等，都可以不慌张地应对处理了。而且，在前往的路上还有心情欣赏一下途中大街上的风景。

那么，怎么才能够做到严格遵守时间，或者提前五分钟到达呢？我也是做了各种各样的尝试。比如将手边的钟表拨快五分钟，但是这个过段时间也会失去效果。中途移动所需要的时间估计得长一些，像互联网上可以查询到车辆转乘时间，真是方便了很多。还有，尽量不要使用小型车辆，而是乘坐可以确定时间的公共交通。当然，在日本中心城市以外的地方，公共交通不太发达，只能依靠小型车辆了。每天早上一定把当天的日程在日历表上确认一下，把那天的行程估算一下，如果有一位时间观念强的秘书就更好了。为了不要太专注于工作而错过了预定时间，就要设定提醒的闹钟，如果连设闹钟也忘了，那就没办法了。

最重要的是，设定时间的时候，不要太乐观地分配时间。我反省自己最容易迟到的原因是，本来应该 30 分钟结束的会议，结果延长为 50 分钟或 60 分钟。最好一开始就确认好时间，一定要留出富裕的时间。其次，做好充分的准备工作：准备出发时才确认，发现资料不够了，时间也来不及了；准备好穿的衣服却发现没有准备好与衣服相配的饰品；穿上后才发现丝袜挂线了……一定要留出充分的时间去做准备工作。前一天晚上预留五分钟的时间看一下第二天的日程安排，哪怕只是标注一下顺序也很有效果。第三点，马上要出门的时候，一定要拒绝掉不早不晚刚好插进来的电话或者会议，坚定地说："我们回头再说……"然后毫不犹豫地拒绝掉。

看清楚自己的不良习惯，坚决做到严格遵守时间，做好自己的日程安排管理。

*学会发现一些平凡琐事的乐趣，*

*在生活中感受意外发现的小惊喜。*

——

## 通晓幽默

我们说起有品格的女性，人们的印象也许是神情严肃，不苟言笑，其实完全不是这样的。装模作样、扭捏作态好似庄重高傲的样子，实际上是没有品格。真正有品格的女性，是非常自然的、乐观的，完全没有刻意做作的神态。我认为有品格的很重要的一点就是能通晓幽默。我很喜欢平安时代的历史和文学，其中，我学习了《源氏物语》，尤其喜欢《枕草子》。

其中，令我很感动的是，有着悲剧命运的定子皇后，是非常知性、直率和诙谐幽默的，令我充分感受到平安时代女性作家清少纳言的才华和智慧。作品里的女性主人公被公卿压迫，被奶娘和近臣抛弃，生活充满了曲折不顺和冷漠无情，但是，这样的情绪在《枕草子》里完全感受不到。也有人说清少纳言不肯屈服于命运，所以不管是痛苦还是悲伤的事情，她都没有描写，因此定子皇后在书中无论遇到何种境遇，都懂得幽默，体恤周围，通达人意，确实是一位非常出色的女性。

通晓幽默是需要气度和胸怀的。如果只是一味地叹息自己运气不好，哀怨命运悲凉，感到自己很委屈，那么，也就不会有心情去体会别人内心的温暖和大自然的美好。自己如果一味消沉低落，周围的人会感到因为无法帮到你而伤心。所以，我们不要展现自己的悲伤，应表现出顽强的精神。无论怎样，我们都应该善于发现诸多平常事物的有趣之处，对生活有必要持有一种开朗阳光的心态。

学会发现一些平凡琐事的乐趣，在生活中感受意外发现的小惊喜。不要为很小的事情生气，要把日子过得有滋有味。拥有不抱怨的良好心态，是可以通晓幽默的前提。江户时代武士们认真、自信和重信义，是非常值得赞赏的，但是过于认真故而缺少了幽默是他们的一大缺点。这也是绅士和武士最大的不同吧。英国绅士的爱好是将自己变为令人忍俊不禁的幽默人物。在日本江户时代，我们看一下市井小巷中人们的“落语”（日本相声）等，就能明白那份幽默了。

关于“清纯”和“妖艳”的魅力，我们也不要被固有思维所束缚，它们往往在打破常规的轻快之中产生。清纯和妖艳，在概念上来说容易被认为是对立的两个极端，这里没有献媚讨好，自己内心的主人依然是自己，这一共同点还是有很多的。首先接受自己是由某个特定时代下的父母所养育了，拥有一定的才华和健康的事实。接纳自己在一个特定的境遇下出生，拥有着特定命运的事实，不要总是那么啰唆和闷闷不乐，而要接受自己的命运赋予自己的境遇，并充分享受其中。

不要去羡慕或者嫉妒别人一帆风顺的好运势和取得的成功，只需要专注思考“我就是我自己”。据说，笑也是可以增加细胞的活力，并且能够提高免疫力的。我们在准备发言的时候，考虑多嵌入一些有趣的笑话和富有幽默感的故事。

学会有意识地让别人笑起来，自己也开心地笑起来吧！

CHAPTER 7

# 有品格的人生态度

*关爱别人和帮助别人，*
*不知不觉中我们也会被别人关爱。*

## 与其被爱不如学会去爱

很多女性都有着“将来老了我希望成为很可爱的奶奶”这样的愿望。

在日本，虽说男女平等，在受宪法保护以前，女性的地位并不高。但是作为母亲，尤其是一家之长的母亲，是非常受到家族全体成员重视的，在儿媳妇面前是很有权威的。被婆婆欺负的儿媳妇也非常多。随着年龄增长，变得越来越顽固，因此大家都敬而远之的例子也很多。因此，希望自己能通情达理，能够被年轻人喜欢的老奶奶就越来越多了。

女性从年轻的时候就希望自己能被朋友喜欢，被男性喜欢，能幸福地结婚，被孩子们喜欢，她们认为被喜欢就是一件幸福的事情。但是，被一个自己并不喜欢的男性喜欢的话，其实也并不一定就是一件开心的事情。对方是否喜欢自己，取决于对方，就像“我们无法改变过去和他人，然而，我们可以改变自己和未来”这句话，控制别人的感情是非常困难的事情，正因为如此，我们还是应该要感谢偶然的机缘和喜欢上我们的人。

正因为如此，女性要尽量去热爱周围的人们，发现他们的优点和美好的地方并为之感动。假如想去占有，或者站在自己的立场上去强迫的话，一定会遭到厌恶的。保持着合适的距离，怀着温暖之心去维护，并且发现对方的优点并予以赞美，如果有必要，可以伸出援助之手。爱的对象，不只是自己的家人，可以扩大到职场中的后辈，有相同兴趣爱好的伙伴们，街坊邻居的孩子们……对自己的孩子再好也会被认为是理所应当的，而对家人以外的人，稍稍好一点点，他们都会特别感激。比如送一个生日礼物，新生儿出生的纪念品，这些都可以做到吧。

男性和女性相比较，女性注重和他人的交流，男性通常会在意胜负，关心权力的行使。当然这个指的是一般情况，也会有很大的个人差别，男性中也有擅长对后辈和弱者关心的人。走在成功道路上，不只追求权力，学会建设性地构筑人与人之间的关系，从长远的角度来看，就能理解什么是真正的成功了。

如果自己尽可能地帮助了更多的人，不知不觉中这些善意会以别的形式回报回来。众所周知，“赠人玫瑰，手留余香”。关爱别人和帮助别人，不知不觉中，我们也会被别人关爱，也会得到别人的帮助。在商业世界里，我们经常说到“利他”，也就是说不要只考虑追求自己的利益，会带来更大的利益。这个想法再扩大开来，就是从事社会义务活动了。美国尽管是一个竞争激烈而且还是有着等级差别的社会，也被认为是弱肉强食的社会，但是在美国社会，义务活动非常兴盛。我作为身无分文的留学生在美国的时候，也受到了不需任何回报的善意温暖的援助。“因为喜欢，才做这件事情，因而不用给我回报。只要能什么时候用自己的能力也去帮助到别人就可以了”，像这样的义务活动的精神，正是美国社会的魅力。即使今天，也有许多年轻人愿意投入到工资待遇并不高的公益领域去发挥自己的能力。经济上没有得到多少报酬，凭借着一份正义感而履行言行的人们，正是有品格的人，这样的人多起来的话，那么这个社会不也就可以说是有品格的社会了吗?

*还没有看穿时的单相思，*

*是最令人心动的。*

## 恋情不宜立即表白

恋情的极致是暗恋，这样说可能要被现在的年轻人笑话了吧。年轻人会认为如果感觉还不错就可以立刻邀约，如果被拒绝了，那么就再重新邀请别人就好啊。然而缺少勇气的男女，即使喜欢对方也不敢开口说出来，害怕被拒绝，更不敢开口邀约。这样的人就会被认为太没用了而遭到笑话，只好将自己的感情封闭起来过日子了。

婚姻大事由父母做主，男女七岁后不得同席而坐等，江户时代曾有着诸多戒律。再或者和以前相比，如今的男女已经进入可以自由交往、自由恋爱和自由结婚的时代了。身份之差、家境之差、年龄之差，都不像以前那样是什么障碍了。父母的反对也失去了威力，甚至于连对方已经结婚了，也会离婚，然后再婚。所以，就连世界名著《红与黑》和《安娜·卡列尼娜》里面，占据大量篇幅描述的与有夫之妇的恋情，相比之下也不再有扣人心弦的力量了。

正是这样太过自由了，因此来一场轰轰烈烈的恋爱，或者一场比较清纯的恋爱，都像是一件比较困难的事情了。无论惊天动地的恋爱，还是非常纯洁的恋爱，都是越被禁止，就越是激情迸发，诸如《在世界的中心呼喊爱》等畅销书也正是以恋人罹患绝症为题目。但是如果喜欢了就马上表白而且立刻付诸行动的话，总觉得还是缺少了什么感觉。

前一段时间，报纸上登载了一位40多岁的女性在打小时工的地方，对一位年轻的男性有了好感，于是发来希望得到建议的求助信。对此，有一则很有名的震惊到我的建议是这样回答的："豁出去表白了吧！"如果是我，我会这样告诉她："喜欢一个人是一件非常美好的事情，爱会温暖你的内心，令你神采奕奕，仅此就足够了。但是，在表白的那一瞬间梦会破灭，跌入现实，很多的不幸和麻烦也就相继而来了。"我没有想简单地告诉她拥有家庭的女性不可以恋爱。这位女性的情况是，一旦告白被对方拒绝了，她会很痛苦。如果对方接受了的话，那可不得了，会伤害丈夫和孩子的心，跌入非常不美好的现实的沼泽里，这些现实也可以说她已经看得清清楚楚了。比起那样的结果，不如保持距离，从远方静静守护着这一份爱，这才是成年人的感情。

无论什么样的恋情，还没有看穿时的单相思，是最令人心动的，而且喜悦感也是最大的。据说恋爱的感觉最长是四年。无论是令人失去理性的恋爱也好，或者是海枯石烂永不变心的恋情也好，随着时间的推移，那份激情都会消磨减退，变得淡薄。正因如此，人们创造了结婚这样的制度，就算那份热情过了，大家可能会为了抚育孩子而互帮互助，相互体贴理解，共同协力配合。

就算是恋爱相对自由的平安时代的人们，对那些还未表白的恋情，令人失去理性的恋情，或者是已经逝去的恋情，留下了很多美好的恋爱诗歌。即使已过近千年，读起来仍然令人心动的，还是那些未能有结果的悲伤恋情和单相思的诗歌。就像小野小町、和泉式部这样遍历爱情的美丽女子，也叹息无法相见的惆怅和惋惜离别之情的伤感。而恋情也正因为不能如愿，因而才如此触动心弦令人心醉啊。

即使放在如今，暗恋、单相思之恋、未果之恋，这些也会磨炼女性，使其内心变得丰富而深刻。

*在工作上丈夫是丈夫，自己是自己，*

*这一点要区别开来。*

——

## 贤内助之功力

认为乘坐公交车或者地铁的生活没有品格，希望有专用车，至少也是出租车上下班，这样想的职场管理者大有人在。这么想的男性，实在属于没品格啊。而膜拜这样摆谱的老公或者男朋友，认为“这个人是很重要的人物”的女性，其品格也不禁会让我质疑。在公司就职，女性崇拜能公费消费的人，认为“这个人是有权力的”，这往往是错误的。男士需要的，不仅是金钱本身，因为它可以作为权力的源泉和象征，还可以获得女性的崇拜和青睐。而女性也有人会认为，只要能有人为自己投资或花很多钱，就能说明自己很有价值。

无论在日本，还是美国，在企业中随着职位晋升，可以使用公费支付交际费和交通费用，有人会认为这是自己成功的标志。奢侈消费一下可以提高社会品格，自己也已经到这个位置了，这样的行为是被允许的。凭着这样的想法召集友人或同事聚会，会令人怀疑其品格有问题。我非常尊敬的一位大公司的老板，自己私人交往的消费一直使用自己的钱。而也有同业的另外一个公司的老板，用公费在和自己有私人交往关系的女性经营的店铺里消费，接待公司的客户。常言道：一叶知秋。从一件小事上就可以看清事情的本质。那位自掏腰包的老板，被视为无私清廉的老板而一直受到员工们的尊重。

活力门的堀江被追捧得很热的时候，他用公司的飞机和演艺圈的女朋友约会。对他这种奢侈的生活方式一开始表现得非常艳羡的媒体，在他粉饰收入的事情被曝光后，又开始穷追不舍地追究和批判他的钱的出处了。即使是自营公司的创业老板，在使用公费的时候，也不能认为那是自己的钱。更何况作为一名工薪族的管理层，就更不能误以为可以支配的公司费用就是自己的实力了。

我们经常也会看到，一些在大公司做到比较重要位置的人，就觉得自己变得很了不起，而一旦从那个位置下来了，又马上变得一文不值。有些女性，当自己的丈夫或者恋人在公司升职以后，会觉得自己也变得“很了不起”似的。不过，在各种各样的职业领域里取得的所谓成功，除了本人的能力外，还有运气以及周围人给予的帮助，有很多其他要素。

有时候周围的人也不对，一个劲儿地认为“射人先射马”，于是都去尽力讨好看似有权力者的妻子或者恋人，这些女性也就被捧得云里雾里飘飘然了，甚至会去给老公吹枕边风，说“某某真是一个有心人啊”“某某真是会做人呢”。如果女性能回答“在公司真是承蒙你们关照了”“我对公司的事情一点不明白呢”，像这样理性地彻底保持距离拒绝掉，而不是逞强显能，那么她作为“贤内助”是会受到尊重的。然而，令人感到悲哀的是，总是借着丈夫的权力接受吹捧的女性，一旦其伴侣失去了这一份权威，那么她不仅会受到冷落，被人耻笑的例子也有的。

在现代社会里，类似“女性就做好贤内助”“在丈夫身边要后退半步谨慎行事”这样陈旧的女性观已经不通用了。但是，如果将丈夫的地位和权力误解为是自己的，跳出来指手画脚，对公司的人事或者经营插手干涉的话那就错了。夫妻作为好的合作伴侣，仅限于自己的个人生活，在工作上丈夫是丈夫，自己是自己，这一点要区别开来，不要忘记，这也是作为一位有品格女性的素质要求。再者，如果丈夫或者伴侣遭遇到了低谷，自己也出于同甘苦共命运的心理，认为他是不走运的受害者，这也是走了极端。要正确认识到自己是自己，丈夫是丈夫。

*媒体对人的判断往往草率简单，*
*希望我们不要仅仅转述和传播。*

——

## 不被表象所迷惑

我们在就职找工作的时候，选择标准是各种各样的。工资收入、公司本部所在位置地段、企业目前的效益或股票价值、企业的社会影响力和未来发展……还有根据企业品格来选择的。前者一目了然很好理解，如果打算工作两三年，用前面那些标准选择是可以的。但是，长远来看，后者就很重要了。如果是要做长期的职业生涯规划的话，那么千万不要被表面现象所迷惑。

我们判断一个人的时候，如果他毕业于名校，就职于好的企业，拥有很好的收入，外表看起来不错的话，也就认为他是“天之骄子”。而那些很有能力的人或者有着高尚品格的人，因各种际遇不幸运而不成功的人，我们就认为他就属于“失败者”。但是，我们还是不要用这种像贴标签似的做法去判断一个人。从表面的职位或者地位去判断，实在是很肤浅。“天啦！他是总经理呢！”“听说是东京大学毕业的呢”“原来你是在那家超级有名的公司上班呀？”，类似这样说些无比崇拜向往的话，别人会认为你就是“怎么只会从表面现象判断事情啊。”东京大学毕业的人也并不一定会为这句话而开心的。说实话，从东京大学毕业的人有各种各样的，他们也希望不要光凭这一点来判断自己。即使是东京大学毕业的，也会因为有特长才感到自豪。无论公司领导也好，一流企业的员工也好，都是一样的。

电视上一些人气综艺节目，片面地持一方观点的很多，对那样的内容一定不要囫囵吞枣地接受。无论是对人的判断，对各种问题的看法，还是对社会上发生的时事，我们都要尽量避免仅从表面上去做分析和判断。这些综艺节目也好，杂志或者报纸也好，媒体一般会简单地用好和坏的标准来区分，因为对于他们来说那样做简单明了。然而自己不加思索就那样简单地接受的话，其实会被认为是没有自己想法的人。

现实生活中，好事和坏事很难完全区分开。被贴上坏人标签的人实际上也有并不聪明，而且想法也很简单的人。还有，平时看起来非常温和，和谁都容易相处的人其实也会有很严格的一面。看清楚一个人或者事物的本质不是一件容易的事情，媒体对人的判断往往草率简单，希望我们不要仅仅转述和传播。我们要尽量了解当事人迄今为止做过什么，接下来又打算做什么，然后再去做判断，这样就具备了透过现象看本质的目光，逐渐积累相应的知识，我们自己的品格也会随之得到提升。

现在凭表象判断事物的人很多，于是教育大家如何为人处世，如何装饰外表的书就开始大卖流行起来了。诚然，我们都知道第一印象取决于外表，树立好形象非常重要。但是，如果仅装饰外表的话，目光锐利的人马上就会识破，明白那不过是“借来的皮”罢了。

关于就职面试的课题，像《面试达人》这样详细讲解面试方法的书非常符合市场需求，有一段时间，所有的学生都穿成了一样的着装，使用一样的问候开场白，一样的回答问题的模式。表象上看起来好像被培养得很不错了，然而总觉得在照本宣科，没有给人留下什么新鲜感觉和深刻印象。无论什么信息我们都要经过自己的咀嚼消化和思考，不调整成为适合自己的，就很难真正变为自己的东西，更不可能很好地展示给别人。

我们不要为表象所迷惑，做一位能够透过现象看到本质的人吧。

*女性应该具有*
*看透男性品格的眼光。*

——

## 培育有品格的男性

选择男性和培养男性的是女性。在我们的人类社会中，似乎认为是男性选择女性的人比较多，然而这只是一种表面的看法。在自然界里，孔雀非常华丽出众，尤其是雄性孔雀，羽毛越是靓丽，就越是容易被雌性孔雀选择。据说，这样的雄性孔雀就可以留下子孙后代，所以它们就努力使自己的羽毛变得华丽。狮子的鬃毛和鹿角和这个是一样的。这些雄性动物都为了向雌性动物展示自己拥有强大的生命力，将这些并没有实际用途的羽毛、毛发，或者鹿角部分尽力突出以彰显自己的存在。

在残酷的弱肉强食的自然界里，哺乳类的雌性动物能留下子孙的数目是有限的。于是它们会尽量选择生命力强壮的雄性伴侣，选择能在培育自己孩子的时候，可以帮助到自己的雄性伴侣，两者兼顾是比较困难的。为了能留下来强健优秀的子孙后代，就要磨炼一双有智慧的眼睛，只有选择成功的雌性动物才可能留下子孙。

人类发展了农业和工业社会，进入了和平富有的时代。平时有警察和安保人员的保护，我们和孩子不会受外敌入侵的威胁，这些能力可以不用从伴侣那里获取。不过，女性希望自己能拥有健康优秀的孩子，希望伴侣能在培养孩子的时候助自己一臂之力的愿望是不变的。

以前，男性的价值是狩猎或者捕鱼，能够确保粮食的供给，还有对外作战保护家族不受入侵。在现代社会里，经济殷实、头脑理性（至少看起来）、能够拥有稳定收入的男性即是女性向往的对象。

女性认为有钱的男性看起来才有风度，希望能和有钱的男性结婚，于是男性就会将重心放在赚钱上了。

最近，不但是有钱的问题了，对女性亲切温柔的男性也很受欢迎。很多年轻女性最终还是偏向找现在有钱，或者将来会有钱的，高学历或者高资质的男性，来作为自己的恋人或者结婚对象。

当然也有喜欢长相好看的、运动型的，或者说话风趣有意思的……由于各种各样的爱好，选择标准不一样。

不过，日本社会要想成为一个有品格的社会，女性就应该具有看透男性品格的眼光，认为有品格的男性才是优秀的男性，将他们作为恋人和结婚对象而选择，这才是非常重要的。

无论事业多么成功，多么有钱，学历多么高，头脑多么聪明，却不懂得体谅他人，轻视和欺负弱小，人格卑劣的男性，也希望女性认为他是“讨厌的家伙”而将其拒之门外。以前，吉原的花魁娘子只要不喜欢，就会拒绝。后来人们为了表达对这种行为的尊重和认可，将其作为了一种美学在研究了。

现在，变得自由的女性，把男性的金钱、未来成功的可能性来作为恋爱或者结婚的选择标准的话，实在有些不合适。经济能力并不是生活中唯一的选择标准，单凭这一点作为选择男性的判断标准的话，会令人感觉到生活没有品格。希望女性能把有品格的男性作为优先选择。

女性选择男性的时候，稳重靠谱一些的话，整个社会也会发生变化的。

看清男性再进行选择。首先就是一定要重视“品格”。我认为，这一点也是选择合作伙伴时最重要的，也是最具有“未来性”的条件，同时也可以提高自己的品格。再有，我们也需要一番琢磨研究，如何让男性具有品格，这也可以让日本社会变得有品格起来呢。

*真诚稳重地陈述自己的经历和业绩，*
*作为一种信息提供给对方，*
*这才是很棒的自我宣传。*

## 不被过去束缚

信心十足和骄纵自负，看似形似，然而本质却大相径庭。

比如自己从事着非常具有正义感的事业，也做了很多努力才有了今天的实力。在过去曾经取得了一些斐然的成绩，因为自己的不懈努力而得到了不错的职位，这些确实都是特别值得自豪的事情。也有过“想夸奖一下自己”的心情吧。这样的自豪，不是什么会令人觉得卑微，或者令人感到不好意思的事情。自豪是可以带来荣誉感的，也是一种来自内心的强大动力，那种时候可以自豪地告诉自己“我没有做被人看不起的事情！”，“我能够充满信心地度过自己的人生”。

不过，如果是自己特意向别人炫耀卖弄这些，那就没有必要了。如果有能理解自己，对自己表示敬意的人，是令人开心的事情。但是，不应该强迫别人因为这些赞扬你。因为，对于与自己没什么重要关系的人，根本没有必要让他知道你是谁。有时候你可能会很失望地遭遇到“难道你不知道我吗？”“你也太小看我了吧！”这样尴尬的情况。在一些高级老人院，听说在已经发黄的名片上，在过去的职称前加上“原”这样字眼的老年人很多。希望自己过去的荣耀被得到肯定，这是人之常情。如果在企业内、家族之间，在小范围的世界里，与能够理解自己的人交往，不会受到伤害；如果迈出这个特定圈子一步，了解自己的实力或者业绩的人就很少了，事实上大部分日本众议院议员的名字在选举活动以外是不被人了解的。

迄今为止，在日本社会，终身雇佣制和长期合作的社会组织关系里，如果一个人具有很好的业绩和能力，自己不用宣传，在业界自然就会被高度评价。而那些总要自我宣传的人，只会招来嫉妒或引来反感。所以，尽量还是谦虚谨慎地行事，这才是聪明的做法。尤其女性，我认为还是应该学会谦卑和内敛，方为妥当。

但是，人们的商业活动范围越来越广，在职场也需要不断地转战四方，来自外部的评价也变得越来越重要了。随之也需要不断展示自己的能力和业绩。好像突然进入了一个需要我们自我展现的时代吧。即使这样，还是要注意不要过度地自我宣传，容易招来他人反感。虽然工作上不可避免地需要自我表现，但表现得过度高调和张扬的话，对自我展示也不是什么好事了。谦虚谨慎地表达，真诚稳重地陈述自己的经历和业绩，作为一种信息，提供给对方，这才是很棒的自我宣传。更何况，在平日的交往中，那些自我宣传是不需要的。不卑不亢，不偏不倚，恰到好处的自信，最为妥当。有些女性看起来好像也很精神，然而，对自己却缺乏信心和自豪感，这也不免令人觉得惋惜。

因为自己丈夫的地位而骄傲，就觉得自己也很了不起而飞扬跋扈的女性，我只能说是她自己理解错了。在我们的日常生活里，要用一种和自己的工作或者职位头衔都无关的平常心，来成为那个场合的普通一员参与进去，和大家享受那一刻的生活，这样不是很好吗？在澳大利亚或者美国，孩子们的运动会的教练、大企业的管理干部，在教会接受任务，成为一名默默无闻的志愿者的现象很常见。拥有一个与工作和家人都不同的社会环境，在那个环境就遵循那个圈子的规定，享受与平时不一样的乐趣也很好啊。不仅仅是“某某夫人”“某某妈妈”“某某科长（部长）”的身份，而只是合唱团的一员，或者是街道消费者服务活动人员，诗歌学习会的一员等。像这样能参与各种社会活动的话，人生也会变得丰富起来。过去的荣光可以用来温暖自己的心田，不一定需要别人也知道和认可。

*默默地积蓄实力，*

*成为被大家认可和尊重的一员。*

——

## 不滥用权力

我母亲直到她2004年9月离开我们，都没有行使过看护保险所保障的权利。也许是因为她的病情不是那么严重吧。她总告诉我们，自己家人能做到的事情，就不一定非要动用保险服务来照顾自己。或许这是她心底的一点小小的自豪吧。她甚至连自己的国民健康保险都尽量不使用。当然，这种想法可能已经过时了，现代社会里国民如果有需要，本来就是可以享受的服务，既然是为了保护自己而设的保险，又为什么不用呢？这样想的人越来越多了。

但是，我认为生活在福利充实的社会中，正因为年金和保险制度都逐渐变得完善，为了将这个制度长期安稳地维持下去，不是说一定要一个也不落下地利用保险服务让自己获利，而是让真正需要这项服务的人能够在需要的时候及时用上，我认为这才是有品格的国民。有些人因为自己能够使用保险，所以首先去拿能够领取的药，尽量去做能够获得的医疗检查。当然，有些医疗机构为了保证自己的收入也积极配合实施。我们每次在使用保险的时候，个人也需要负担一部分费用的——这是为了减少不必要的浪费，不得不设置各种各样的对策。还有，要有加入国民年金保险的意识，也有人会认为只有自己不支付年金的话，也不会有什么影响，但是还有其他会诚实支付的人，他们不想被别人看作是傻子，从而也不愿意支付了。如果都这样想，那么这个制度也就失去作用了。从文化上来保障国民的健康生活，是一个国家的义务和责任，所以，如果有必要，国民可以正大光明地使用这个权利，要求对自己的生活给予保障，这个前提是本人也要自觉遵守和落实缴纳保险的义务。

对日本人来说，根据契约合同将权利和义务明确后各自履行，这在商业世界是理所应当的。然而，在实际生活里，按照契约合同规定，完全分清权利和义务的人也还有很多。多亏勤劳的人们为我们提供了社会保障，在行使这些权利的时候，我们还是要心存感激的。

女性在职场，因为有育儿休假的规定，她们的休假或者缩短劳动时间的权利得到了保障。这是女性实现工作和育儿两头兼顾的非常重要的权利，也是长期以来女性们希望的，当然也是很多人经过无数次的讨论最后共同努力才终于获得的结果。即使如此，当我们女性在行使这项权利的时候，一定别忘了和周围的同事或者上司道一声感谢，“给大家添麻烦啦”“谢谢大家一直以来的关照，我终于做妈妈啦”，等等。虽然有了保障女性权利的法律，但女性休假的时候，还是会给周围人的工作增加很多负担。自然也就有人在内心里叨咕：“所以啊，雇用女性很麻烦呢。”

这个时候，如果你理直气壮地说：“育儿休假是我的权利啊。”那么，就会让这些人很不开心的。有一个类似的例子，那就是《雇用机会均等法》。在没有均等法的时代，说起来也许大家都不相信，怎么还会有那样的时代呢——招聘人才只招男性。尽管现在有了均等法，社会中也还残留着各种各样歧视女性的现象。比如，年轻又纯真的女性，在地位不高的时候很受人家的宠爱。当女性成长起来，在岗位上独当一面的时候，有人就开始反感了。我们不容忍性别歧视，歧视的一方不用说肯定是完全不对的。作为个人，与其动辄滥用自己的权利，不如心存感激，默默地积蓄实力，成为被大家认可和尊重的一员，这样的话事情也就很顺了。

*将自己的行动和具有普遍性的标准相对照，*

*使自己拥有自控的能力。*

——

## 黄金法则

“己所不欲，勿施于人”，这是做人有品格的基本法则，也是孔子的教育理念。和西方讲解的“己欲为而为人”有异曲同工之妙，当然也稍稍有些不同。自己想要的，不一定是对方也想要的。因为每个人的喜好、价值观不同。不过，每个人觉得不喜欢的事情，基本上别人也不会喜欢。

被杀戮，被伤害，被偷盗，谁都不愿意。所以，这些行为，无论是法律，还是宗教，都被严格禁止。使用暴力，非有品格的人所为。更何况，向比自己弱小的人实施暴力，简直就是卑鄙。撒谎的人，无论是谁都会被厌恶，所以，自己也不可以撒谎。即使对方不遵守约定，自己也一定要遵守。自己不希望被别人侮辱蔑视，那么自己也不可以对他人实施侮辱行为。别人在自己面前耀武扬威，或者自负骄傲的时候，自己不会有愉快的心情。那么，自己也注意不要在别人面前横行霸道，或者洋洋得意。别人以施恩者的姿态在自己面前自居，谁也不会舒服，那么，自己也要有这个意识。自己一个人拼命地说，而同伴里没有几个人在听，对于说废话的人，谁都觉得很恼火。那么，我们也要学会聆听别人说话。有品格的人，类似这样的事情，都是在不经意中就能够做到的，也可以说是做人的基础能力吧。

这个能力，也就是换位思考，能够去想象假如自己做了这样的事情别人是否会开心。“我自己的事情都已经满脑子了，哪还顾得上别人的事情啊”，像这样非常自我的人，他是没有精力考虑别人的。不要单单因为自己的事情被搞得一团乱麻理不出头绪，稍微将自己的眼光放到别处，就能够有精力去顾虑到周围的人，尽量不做让别人感到不愉快的事情，我认为这才是有品格的人。

但是，生活中往往也会有这样的情况。自己因为是接受暴力教育成长的，于是对孩子也施加暴力；自己被上司的霸道压制过了，于是对部下也同样施压……类似这样的事情也经常发生。并不是“曾经吃过苦”的人注定会成为“教养不好”的人，这两者的显著区别就在于一种是自己经历的痛苦体验不希望在别人身上也发生，另外一种则是很漠然的，想将自己经历的不愉快也让别人经历一下。

如果能想象一下别人的心情和别人会用什么样的眼光来看自己，这种缺少教养的行为就不会去模仿了，如果一门心思只想着这些，那就什么也别干了，这就是本末倒置。作为一个人，重要的应该是将自己的行动和具有普遍性的标准相对照，从而使自己拥有自控的能力。

*时刻认识到“我就是我”，*

*内心就不会慌乱。*

## 提高满意度

人类的满意度等于达成度除以期望值。自己想要的和期望得到的，获得以后就感到很满足。自己拼命努力，终于实现了自己定下的目标，就会很满足，总之就是这么简单的一个道理。但是，现实生活中可没有这么简单，即使是历经千辛万苦终于达成目标，看起来经济上也已经非常优越的人，却并不是特别满意自己的生活。反而，那些很贫困的没有什么社会地位的人，却心怀感激地享受着人生。所谓满意度并没有客观的标准，而是用相对的标准来计算的。我曾经对“即使雪山是黄金也不足以满足”这句话有着很深的感悟。即使雪山上的积雪全部变成黄金，也仍然有更多的欲望没有得到满足。这句话是告诉我们，无论得到多少都不会满足的道理。在佛教里就讲到了从“贪婪”中衍生出的罪恶，我们要从这样的欲望中解放出来。

我年轻的时候，看到美国的教育，推崇和肯定那些想成为有钱的人和成功者，奖励那些为了达成目标而积极挑战的人，觉得非常爽快。日本的教育不但没有鼓励大家努力实现自己的目标，反而还让大家要控制这样的欲望。于是，日本很多年轻人的激情得不到完全释放，很多大的挑战没能实现，因此，日本社会也遭到了批判。而美国这个国家的人为什么会充满了激情呢？那是因为他们肯定个人的欲望，不认为竞争是坏事情。日本过去和现在相比，制度得到很大的改变，自由的竞争政策等，都是基于这样的考虑才推出的。

但是，今天我们再来思考一下，我认为东方的智慧能让人们幸福快乐。如果只是追求欲望的人生，一定不会是幸福的人生。我切实感到，如果不能控制欲望，那么就不可能获得幸福。独占欲、名誉欲、权力欲及其他所有的欲望，都是没有止境的。这些欲望满足得越多，想获得的也就越多。真的就如前面提到的那样，即使雪山上的积雪都变为黄金也还会嫌不够。有人即使已经坐拥几亿资产，身体都已垮掉，依然孜孜不倦地沉迷于金钱游戏，还会废寝忘食地想赚更多。希望从欲望中解放，获得解脱，是一件太不容易的事情了。就算苦修，历经万难险阻，最后能达到那个境界的，依然是凤毛麟角。据说，就算从物质欲望中解脱出来的高僧，也会难以从嫉妒心中解放。然而，就算这样，也不可以放纵欲望，任性做事，应时时反省，努力尝试客观地观察自己，这样也能够提高个人品格。

人们总会这样去想，如果我能再做得好一点，还可以赚得更多一些，如果我悟性再好一些，那么我就成功了。像这样斗志昂扬地往上冲，不如退一步海阔天空。为了维护自己的尊严，为了从事自己认为正义的事业，一定要有即使损失一点也不在乎的博大胸怀。至少要时刻考虑到去做有利于自己，同时也有利于别人的事情。不用去羡慕和嫉妒那些左右逢源、向权贵献媚讨好从而获得机会和出人头地的人。时刻认识到“我就是我”，那么内心就不会慌乱。一位著名的经济学家的遗孀，即使已坐拥上千亿资产，也不肯将钱花在别人身上。当你越来越有钱，你可以不用使劲儿投资或者进行资本运作，而是用自己的钱帮助更困难的人，资助社会。这样做的话，不仅金钱用得有价值，你本人也会由衷地感受到平和，从而度过自己充实而有意义的人生。

*不仅要严格遵守社会准则，*
*更应维护作为一个人应该持有的自豪和尊严。*

——

## 恪守伦理道德观

我们判断善与恶的标准是什么呢？小时候差不多都是受父母影响，尤其是母亲的影响比较大一些。在这些标准中，不诽谤诋毁他人，正直地做人，帮助弱者和有困难的人，控制自己膨胀的欲望等，几乎成为共通的内容。

虽说日本受宗教的影响并不大，但是，在日本各个地方之间建立的民间团体几乎都和家族紧密相连，这些自发的组织非常强大时，那个集体的规范就是每个人的行动准则。从日本经济高度成长的时代起，各个企业和组织便承担了这部分责任。尤其男性都要遵循企业内部的规章制度，创造好产品，提供优质服务，提高收入，为了企业能持续存活下去而鞠躬尽瘁。企业也要履行对员工的雇用承诺，进行教育和培训，提供好的福利待遇。这其中，各种各样的规章制度、礼数关怀，要用不同的方式呈现出来。对自己的伙伴要相敬如宾、互帮互助、相互体谅、敬业努力，不为公司丢颜面。这点强调得过分时，就阻止不合规的操作，比如，违反劳动法规定的加班，在企业中成了理所当然的事情了。为了提高利益，稍有些违法的行为也可以睁一只眼闭一只眼。为一己之欲和个人之利，当事人哪怕知道是在撒谎，或者在坑蒙拐骗，只要为了公司，就成了无论做什么都是可以被原谅的。

然而，在近来企业倒闭、被兼并以及被买卖的风潮中，裁员也开始大肆泛滥起来了。于是，像兼职人员、临时工、派遣员工等非正式员工在职场上多了起来。企业本身的行为遭到了大家的批判指责，被内部员工告发，各种各样的丑闻和企业犯罪记录也被曝光了。由这些企业的反思开始，社会开始呼唤企业要遵守法令法规，合法经营管理。

不是只要赚钱就好，金钱不是一切。作为社会的一员，该遵守的准则就一定要去严格遵守，这对企业来说也很重要。在企业工作的人，作为社会的一员，被越来越多地要求必须遵循社会规则了。被内部员工告发这种行为，放在以前会被视为背叛行为，会遭到谴责的，现在，根据相关法律，这种行为受到了保护。

最重要的是作为社会的一员，不仅要严格遵守社会准则，也要遵守作为一个人应该遵守的原则，更应维护作为一个人应该有的尊严。

要从道德的角度来判断这个行为是不是可耻的行为，能不能做，这也是作为一个人的基本品格。反省自己，向深陷困境的人伸出援助之手，给予不善处世的人以关照也是我们可以做的。如果你看到被欺负的人，假装没有看见的话，无形中你也就成为加害者了。拿出勇气，为你认为正确的事情发出正义之声，要履行社会责任，不对坏事情视而不见。

在明治和大正时代来日本访问的外国人，被日本老百姓的素质水平而感动。虽然贫寒，但是正直、勤劳、礼仪周全、对人友善，从这些百姓身上能感受到一个社会的品格。和他们那个时代相比较，现在二十一世纪的日本人要富有得多，教育水平也要高得多。殷切希望我们每一个人都能做有品格的人，做有品格的女性，努力地生活。

# 后记

## 成为坚强、温柔、美丽、智慧的女性

每位女性都是独一无二的。比如个子高的，矮的；重的，轻的；喜欢讲话的，不喜欢讲话的；擅长运动的，不擅长运动的；音乐很好的，音乐不好的；喜欢琐碎工作的，不太擅长工作的。每个人的个性都不一样，无论有没有缺陷，有没有特殊才华，每一个人都是不可缺少的存在，应该被珍惜。不能单单用成绩等唯一的尺度来评价一个人。

然而，在教育中，如果每个单独的个体，我们都放任不管，让他们自由发挥，这就叫不负责任了。从小学到大学的所有教育机构，都应该将每个人的个性和才华引导出来，使之展现并得以最大程度地发挥。当然，发挥个性的前提是要拥有良好的品格基础。

在日本的传统艺术和技术领域，首先是学习“形”，掌握了以后才让自己的个性得以发挥。同样，女性如果想拥有自己的个性，首先，要养成有节制的生活习惯、健康的生活方式。其次，必须要具备阅读、书写和沟通能力。再次，要学会如何社交，正确地着装，展现礼仪等。作为一名社会人，这些基础的礼仪教养都要具备。最后，最为重要的，是要拥有作为一个人的品格。

那么，作为一个人的品格到底是什么呢？其实，首先就是要有自己的信念，不图回报地去做自己应该做的事情。换句话说，要有即使自己吃亏，也要坚持做正确事情的坚强意志。其次，要能设身处地为他人着想，能够向弱者和受难者伸出援助之手，有能接受他人的弱点和缺点的宽大胸怀和温暖情怀。尤其是女性在毫不做作的那份纯真和坚韧中，持有的能够打动人心的柔韧之美，是最为珍贵的。女性的品格魅力，也正是从这一份亦柔亦刚中自然弥漫而出。不需要卑贱，也不用骄纵跋扈，拥有一份符合自己的自信，聪慧地判明何为大局，何为琐事。切实把握好自己处于怎样的位置，正被大家赋予着什么样的责任，该沉默时缄口不语，该讲话时金口玉言一句不少，这才是真正的大智慧。

我认为，在时代的变化中，女性走入职场是理所应当的。不应该因为她们是女性，所以区别对待。日本的企业如果充分发挥了女性的作用，一定会变得更加有活力。

不过，女性走入职场就要接受新的历练。在这个过程中，女性不仅要掌握和磨炼技巧，立志成为具备专业知识和技能的职业人，还要在苛刻严格的经济社会里保持品格，那么该如何是好呢？不是向男人献媚讨好，获取欢心从而谋得晋升机会，而是要拥有自己的见解。我们到底怎样活着才能够成为一个在社会中受人尊敬的人呢？本书从各个角度对这个问题做了探讨和思考。

换言之，我们不是为了成为一位中层女性管理者，而是期望成为真正具有领导力的女性。本书尽量充分提及和讲述如何拥有有品格的生活方式、有品格的着装、有品格的措辞用句等话题，还有关于活法和社会行为准则这两方面的话题。我认为有品格地活着，上述两方面缺一不可，都非常重要。

所有的女性朋友们，尤其是接下来要进入社会，在社会中打拼的女性，如果本书能为您提供一点有价值的参考，我将甚感荣幸。

借篇末之笔，向给予我书写本书机会的PHP研究所社长江口克彦先生，以及新书出版部的横田纪彦先生，表达我由衷的感谢。

坂东真理子

2006年8月